水族館と
海の生き物たち

杉田治男　編

恒星社厚生閣

日本の水族館（1882～2012年）

これまでに開館した水族館の設立年と所在地

出典：ミツカン水の文化センター発行「水の文化」44号 しびれる水族館. 鈴木克美・西 源二郎著『新版 水族館学』（東海大学出版会 2010）をもとに水の文化センター編集部で作図.

104 ／ **315**

現在運営している水族館数※ ／ これまでに開館した水族館数

※2013年5月末日現在、開館が確認されている水族館（一時閉館中を含む）。水族館の数え方については諸説あるが、『新版 水族館学』と鈴木克美さんの助言を基にした。

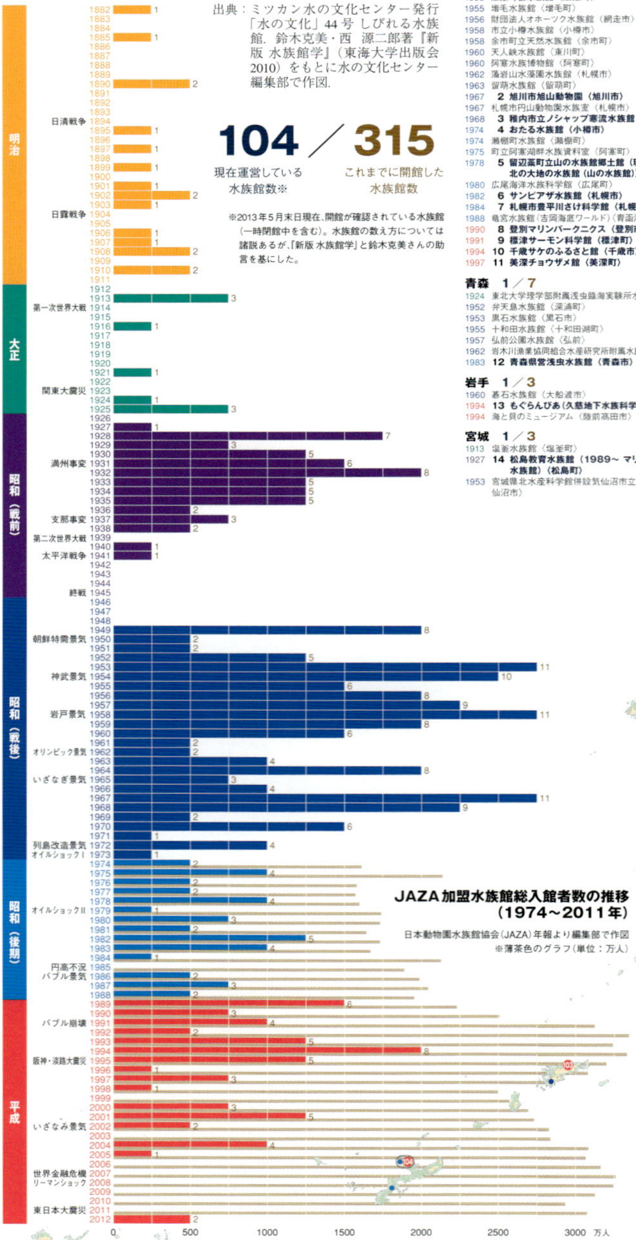

JAZA加盟水族館総入館者数の推移（1974～2011年）

日本動物園水族館協会（JAZA）年報より編集部で作図
※薄茶色のグラフ（単位：万人）

北海道　11／28

1908 北海道水産共進会水族館〈小樽区〉
1931 北海道大学理学部附属厚岸臨海実験所水族館〈厚岸町〉
1936 函館水族館〈函館市〉
1953 **1 北海道立室蘭水族館〈室蘭市〉**
1953 江差町営水族館〈江差町〉
1955 増毛水族館〈増毛町〉
1956 財団法人オホーツク水族館〈網走市〉
1958 市立小樽水族館〈小樽市〉
1958 余市町立天然水族館〈余市町〉
1960 天人峡水族館〈東川町〉
1960 阿寒水族博物館〈阿寒町〉
1962 藻岩山水藻園水族館〈札幌市〉
1963 留萌水族館〈留萌町〉
1967 **2 旭川市旭山動物園〈旭川市〉**
1967 札幌市円山動物園水族室〈札幌市〉
1968 **3 稚内市立ノシャップ寒流水族館〈稚内市〉**
1974 **4 おたる水族館〈小樽市〉**
1974 瀬棚町水族館〈瀬棚町〉
1975 町立阿寒湖畔水族資料室〈阿寒町〉
1978 **5 留辺蘂町立山の水族館郷土館（現・おんねゆ北の大地の水族館（山の水族館））〈留辺蘂町〉**
1980 広尾海洋水族科学館〈広尾町〉
1982 **6 サンピアザ水族館〈札幌市〉**
1984 **7 札幌市豊平川さけ科学館〈札幌市〉**
1988 竜宮水族館（吉岡海底ワールド）〈青函海底トンネル〉
1990 **8 登別マリンパークニクス〈登別市〉**
1991 **9 標津サーモン科学館〈標津町〉**
1994 **10 千歳サケのふるさと館〈千歳市〉**
1997 **11 美深チョウザメ館〈美深町〉**

青森　1／7

1924 東北大学理学部附属浅虫臨海実験所水族館〈浅虫〉
1952 弁天島水族館〈深浦町〉
1953 黒石水族館〈黒石市〉
1955 十和田水族館〈十和田湖町〉
1957 弘前公園水族館〈弘前〉
1962 岩木川漁業協同組合水産研究所附属水族館〈弘前市〉
1983 **12 青森県営浅虫水族館〈青森市〉**

岩手　1／3

1960 碁石水族館〈大船渡市〉
1994 **13 もぐらんぴあ（久慈地下水族科学館）〈久慈市〉**
1994 海と貝のミュージアム〈陸前高田市〉

宮城　1／3

1913 塩釜水族館〈塩釜町〉
1927 **14 松島教育水族館（1989～ マリンピア松島水族館）〈松島町〉**
1953 宮城県北水産科学館併設気仙沼市立水族館〈気仙沼市〉

秋田　1／7

1952 象潟町水族館〈象潟町〉
1954 男鹿水族館〈男鹿市〉
1957 岩館水族館〈八森町〉
1959 入道崎水族館〈男鹿市〉
1967 象潟水族館〈象潟町〉
1967 秋田県立男鹿水族館〈男鹿市〉
2004 **15 男鹿水族館 GAO〈男鹿市〉**

山形　2／7

1929 加茂町水族館〈加茂町〉
1932 鼠ヶ関水族館〈念珠関村〉
1956 **16 鶴岡市立加茂水族館〈鶴岡市〉（庄内浜加茂水族館に改称した後、1974年に再び同館名に改称）**
1964 庄内浜加茂水族館〈鶴岡市〉
1967 山形ハワイドリームランド水族館〈山形市蔵王〉
1968 ねずがせきビーチセンター水族館〈温海町〉
1994 **17 タキタロウ館〈旭村〉**

福島　1／3

1958 白鷺会勿来水族館〈勿来町〉
1968 照島ランド〈いわき市〉
2000 **18 アクアマリンふくしま・ふくしま海洋科学館〈いわき市〉**

茨城　3／5

1952 茨城県大洗都市公園事務所大洗水族館〈大洗町〉
1970 「海のこどもの国」大洗水族館〈大洗町〉
1986 **19 山方町立淡水魚館（自然生態観察施設）〈山方町〉**
1989 **20 霞ヶ浦町水族館（かすみがうら市水族館）〈霞ヶ浦町〉**
2002 **21 アクアワールド茨城県大洗水族館〈大洗町〉**

栃木　1／3

1949 日本両棲類研究所〈日光市〉
1988 小山海洋水族館〈小山〉
2001 **22 栃木県なかがわ水遊園〈栃木市〉**

群馬　1／2

1968 **23 桐生ヶ丘公園水族館〈桐生市〉**
1987 群馬県水産学習館〈館林市〉

埼玉　1／1

1983 **24 県営さいたま水族館〈羽生市〉**

千葉　2／8

1932 農林省水産講習所小湊実験場水族館〈小湊村〉
1949 全谷水族館（亀宮城）〈全谷村〉
1954 銚子水族館〈銚子市〉
1963 京成マリンパーク犬吠埼水族館〈銚子市〉
1965 千葉県水産共同実習所水族館〈館山市〉
1968 行川アイランド〈勝浦市〉
1970 **25 鴨川シーワールド〈鴨川市〉**
1993 **26 犬吠埼マリンパーク〈銚子市〉**

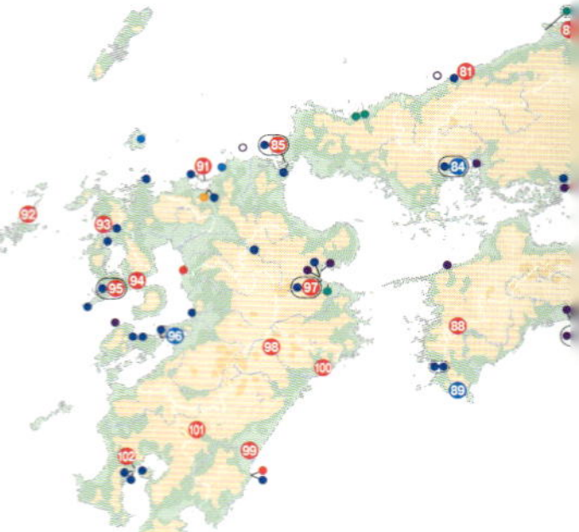

静岡　6／19

1930 中之島水族館〈内浦村〉
1933 東京文理科大学理学部附属下田臨海実験所水族館〈下田町〉
1933 熱海水族館〈熱海町〉
1935 三津淡島水族館〈内浦村〉
1937 袖師水族館〈清水市〉
1941 三津天然水族館〈内浦村〉
1950 沼津市営水族館〈沼津市〉
1951 熱海水族館〈熱海市〉
1954 県営弁天島水族館〈舞阪町〉
1957 **52 熱川バナナワニ園〈東伊豆町〉**
1960 浜松市動物園水族館〈浜松市〉
1961 伊東水族館〈伊東市〉
1964 **53 淡島海洋交園水族館（あわしまマリンパーク）〈沼津市〉**
1965 地球儀大温室地下道水族館〈伊東市〉
1967 **54 フジタ下田海中水族館〈下田市〉**
1970 **55 東海大学海洋科学博物館〈静岡市〉**
1977 **56 伊豆三津シーパラダイス〈沼津市〉**
1986 伊豆アンディランド〈河津村〉
2000 **57 浜名湖体験学習施設「ウオット」〈舞阪町〉**

東京　8／19
82 観魚室（うをのぞき）〈上野公園〉
85 （浅草）水族館〈浅草〉
90 第3回内国勧業博覧会水族館〈上野公園〉
99 （浅草公園）水族館〈浅草〉
07 東京勧業博覧会教育水族館〈上野公園〉
32 第4回発明博覧会水族館〈上野公園〉
35 井の頭公園動物園水族室〈井の頭〉
52 東京都恩賜上野動物園海水水族館〈上野公園〉
58 東京都多摩動物公園水族館〈日野市〉
64 東京都恩賜上野動物園水族爬虫類館〈上野公園〉
75 **27 都立井の頭恩賜自然文化園水生物館〈三鷹市〉**
78 **28 東京タワー水族館〈芝公園〉**
78 **29 サンシャイン国際水族館（現・サンシャイン水族館）〈池袋〉**
81 **30 小笠原海洋センター〈小笠原村〉**
83 板橋区立淡水魚水族館〈板橋区〉
89 **31 東京都葛西臨海水族園〈江戸川区〉**
91 **32 しながわ水族館〈品川区〉**
05 **33 エプソン品川アクアスタジアム〈品川区〉**
12 **34 すみだ水族館〈墨田区〉**

神奈川　7／23
90 東京大学理学部附属三崎臨海実験所水族館〈三崎村〉
02 水族館〈川口村〉
06 横浜教育水族館〈横浜市〉
25 江ノ島水族館〈川口村〉
28 横浜（磯子）水族館〈横浜市〉
29 逗子水族館〈逗子海岸〉
32 東京大学理学部附属三崎臨海実験所水族館〈三崎町〉
35 復興記念横浜大博覧会水族館〈横浜市〉
49 三笠水族館〈横須賀市〉
53 **35 観音崎自然博物館〈横須賀市〉**
53 鎌倉水族館〈鎌倉市〉
54 江ノ島水族館〈片瀬海岸〉
55 真鶴水族館〈真鶴町〉
57 江ノ島マリンランド〈藤沢市〉
58 **36 横浜市立間門小学校附属海水水族館〈横浜市〉**
59 箱根自然博物館水族館〈元箱根町〉
64 よみうりランド海水水族館〈川崎市〉
68 **37 京急油壺マリンパーク〈三浦市〉**
70 神奈川県フィッシングパーク水族館〈相模原市〉
79 **38 箱根園水族館〈箱根町〉**
87 **39 相模原市立相模川ふれあい科学館〈相模原市〉**
93 **40 横浜八景島シーパラダイス・アクアミュージアム〈横浜市〉**
04 **41 新江ノ島水族館〈藤沢市〉**

新潟　4／16
1916・20 （能生）水族館〈能生村〉
1931 鯨波水族館〈鯨波〉
1931 上越線全通記念博覧会・寺泊水族館〈寺泊町〉
1932 柏崎水族館〈柏崎町〉
1934 直江津水族館〈直江津町〉
1934 五智水族館〈春田村〉
1938 新潟水族館〈鳥屋野村〉
1949 直江津水族館〈直江津町〉
1949 糸魚川水族館〈糸魚川町〉
1954 柏崎水族館〈柏崎市〉
1958 **42 尖閣湾揚島水族館〈相川町〉**
1967 開港100年地震復興記念新潟大博覧会水族館〈新潟市〉
1976 瀬波水族館〈村上市〉
1980 **43 上越市立水族博物館〈上越市〉**
1983 **44 寺泊町立水族博物館〈寺泊町〉**
1990 **45 新潟市水族館マリンピア日本海〈新潟市〉**

富山　1／3
1913 富山県連合共進会魚津水族館〈魚津町〉
1953 雨晴水族館〈高岡市〉
1954 **46 魚津水族館〈魚津市〉**

石川　1／3
1932 産業と観光の大博覧会水族館〈金沢市〉
1963 金沢水族館〈金沢市〉
1982 **47 のとじま臨海公園水族館〈能登島町〉**

福井　1／3
1928 高濱水族館〈高濱町〉
1949 敦賀市営松原水族館〈敦賀市〉
1959 **48 越前松島水族館〈三国町〉**

山梨　1／1
2001 **49 山梨県立富士湧水の里水族館〈忍野村〉**

長野　1／7
1931 上諏訪町水族館〈上諏訪町〉
1940 長野県水産指導所附属水族生態実験室水族館〈下諏訪町〉
1960 野尻湖水族博物館〈信濃町〉
1967 諏訪市営遊園地水族館〈諏訪市〉
1967 明科町立水族館（明科フィッシュランド）〈明科町〉
1967 野尻湖ターミナル水族室〈信濃町〉
1993 **50 蓼科アミューズメント水族館〈茅野市〉**

岐阜　1／2
1950 岐阜市淡水魚水族館〈岐阜市〉
2004 **51 岐阜県世界淡水魚園水族館（アクア・トトぎふ）〈各務原市〉**

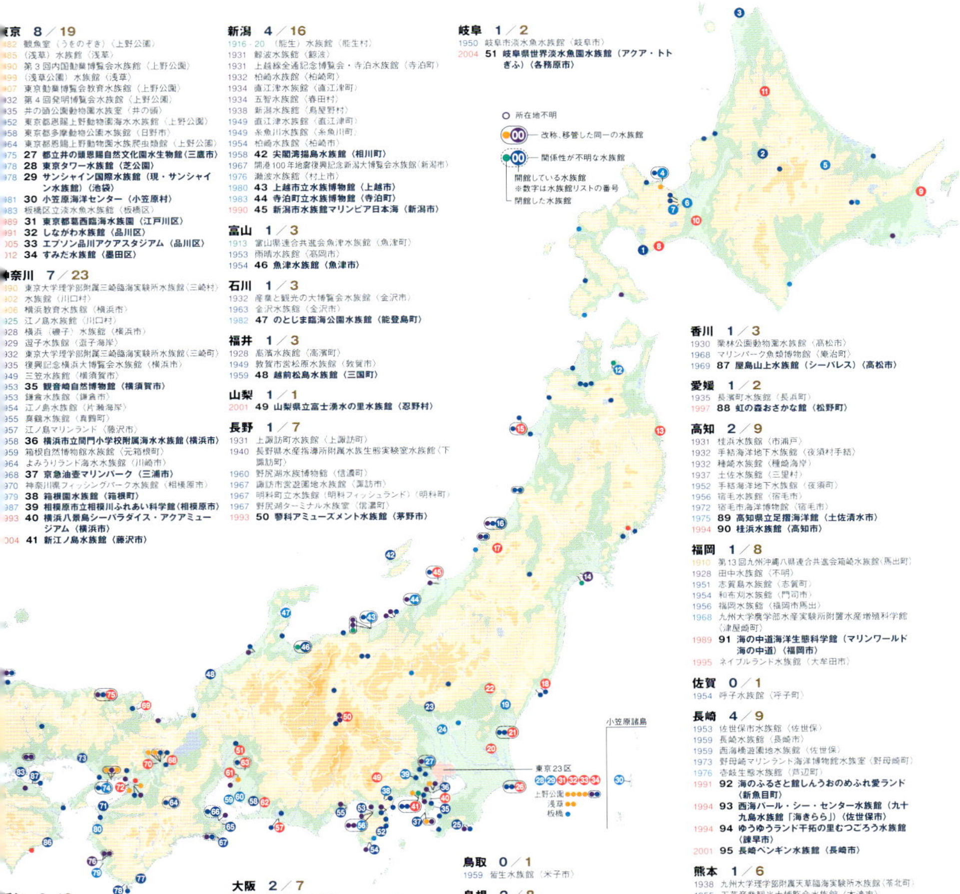

愛知　6／9
910 名古屋教育水族館〈名古屋・築港南〉
936 東京大学農学部附属水産実験所新舞子水族館〈旭村〉
956 **58 蒲郡市竹島水族館〈蒲郡市〉**
963 名古屋市東山総合公園事務局動物園水族館〈名古屋市〉
980 **59 南知多ビーチランド〈美浜町〉**
982 **60 碧南海浜水族館〈碧南市〉**
992 **61 名古屋港水族館〈名古屋市〉**
993 **62 豊川市赤塚山公園ぎょぎょランド〈豊川市〉**
993 **63 名古屋市東山動植物園世界のメダカ館〈名古屋市〉**

三重　4／9
1928 二見浦水族館〈二見町〉
1933 浜島水族館〈浜島町〉
1949 赤目淡水魚水族館〈名張市〉
1954 **64 赤目四十八滝サンショウウオ飼育場（日本サンショウウオセンター）〈名張市〉**
1955 **65 鳥羽水族館〈鳥羽市〉**
1956 三重県浜島水産試験場水族室〈浜島町〉
1966 二見浦熱帯植物園水族館〈二見町〉
1966 **66 二見夫婦岩シーパラダイス〈二見町〉**
1970 **67 志摩マリンランド〈阿児町〉**

滋賀　1／2
1961 滋賀県立琵琶湖文化館水族館〈大津市〉
1996 **68 滋賀県立琵琶湖博物館〈草津市〉**

京都　2／7
1895 第4回内国勧業博覧会水族室〈岡崎公園〉
1908 京都市紀念動物園水族室〈岡崎公園〉
1953 京都市動物園海水水族館〈京都市・岡崎公園〉
1958 天橋立水族館〈宮津市〉
1964 八瀬遊園海水水族館〈京都市〉
1989 **69 宮津エネルギー研究所水族館（丹後魚っ知館）〈宮津市〉**
2012 **70 京都水族館〈京都市下京区〉**

大阪　2／7
1901 日本水族館〈難波〉
1903 第5回内国勧業博覧会水族館〈堺市〉
1933 大阪天王寺動物園水族館〈天王寺〉
1957 **71 みさき公園自然動物園水族館〈岬町〉**
1968 通天閣フィッシュセンター〈大阪市浪速区〉
1990 **72 大阪・海遊館〈港区〉**
1995 水道記念館〈淀川区〉（※一時休館中だが当分の間閉鎖するため、運営している水族館から除いた）

兵庫　3／13
1897 第2回水産博覧会水族館〈和田岬〉
1902 水族館〈湊川町〉
1929 宝塚動物園爬虫類・淡水魚類館〈宝塚市〉
1930 神戸海港博覧会水族館・湊川水族館〈神戸・湊川公園〉
1934 瀬戸日和山遊園水族館〈豊岡市〉
1935 阪神水族館〈神戸市〉
1949 日和山天然水族館〈豊岡市〉
1957 明石市立水族館〈明石市〉
1957 神戸市立須磨水族館〈神戸市〉
1966 **73 姫路市立水族館〈姫路市〉**
1970 宝塚ファミリーランド立体動物園水族室〈宝塚市〉
1987 **74 神戸市立須磨海浜水族園〈神戸市〉**
1994 **75 城崎マリンワールド自然水族館〈豊岡市〉**

奈良　0

和歌山　5／9
1930 **76 京都大学理学部附属瀬戸臨海実験所水族館附属水族館〈白浜町〉**
1934 南白浜水族館〈瀬戸鉛山村〉
1934 東白浜水族館〈瀬戸鉛山村〉
1958 新和歌浦水族館〈和歌山市〉
1965 串本水族館〈串本町〉
1969 **77 太地町立くじらの博物館〈太地町〉**
1971 **78 串本海中公園センター〈串本町〉**
1978 **79 アドベンチャーワールド〈白浜町〉**
1982 **80 和歌山県立自然博物館〈海南市〉**

鳥取　0／1
1959 皆生水族館〈米子市〉

島根　2／8
1913 大社教育水族館〈杵築町〉
1928 島根教育水族館〈不明〉
1931 美保関水族館〈美保関町〉
1953 大社水族館〈大社町〉
1954 浜田市立水族館〈浜田市〉
1955 美保関水族館〈美保関町〉
2000 **81 島根県立しまね海洋館〈浜田市〉**
2001 **82 島根県立宍道湖自然館ゴビウス〈平田市〉**

岡山　1／4
1928 大日本勧業博覧会水族館〈鹿田駅跡〉
1930 三蟠軽鉄（株）附属水族館〈岡山港〉
1953 **83 市立玉野海洋博物館〈玉野市〉**
1964 津山市科学教育博物館水族室〈津山市〉

広島　1／6
1933 広島文理科大学理学部附属向島臨海実験所水族館〈向島町〉
1958 宇品天然水族館〈広島市〉
1959 広島県営宮島水族館〈宮島町〉
1964 尾道城水族館〈尾道市〉
1981 **84 町立宮島水族館〈宮島町〉**
1989 フローティングアイランド水族館（マリンパーク境ヶ浜）〈尾道市〉

山口　1／4
1925 大谷天然水族館〈萩町（萩市）〉
1925 楽天地水族館〈萩町（萩市）〉
1956 下関市立下関水族館〈下関市〉
2001 **85 下関市立しものせき水族館「海響館」〈下関市〉**

徳島　1／3
1958 鳴門自然水族館〈鳴門市〉
1960 **86 日和佐町営水族館（現・日和佐うみがめ博物館カレッタ）〈日和佐町（美波町）〉**
1989 海部町大うなぎ水族館イーランド〈海部町〉

香川　1／3
1930 栗林公園動物園水族館〈高松市〉
1968 マリンパーク魚類博物館〈庵治町〉
1969 **87 屋島山上水族館（シーパレス）〈高松市〉**

愛媛　1／2
1935 長濱町水族館〈長浜町〉
1997 **88 虹の森おさかな館〈松野町〉**

高知　2／9
1931 桂浜水族館〈市浦戸〉
1932 手結海洋地下水族館〈夜須村手結〉
1932 種崎水族館〈種崎海岸〉
1937 土佐水族館〈三里村〉
1952 手結海洋地下水族館〈夜須町〉
1956 宿毛水族館〈宿毛市〉
1972 宿毛市海洋博物館〈宿毛市〉
1975 **89 高知県立足摺海洋館〈土佐清水市〉**
1994 **90 桂浜水族館〈高知市〉**

福岡　1／8
1910 第13回九州沖縄八県連合共進会箱崎水族館〈馬出町〉
1928 田中水族館〈不明〉
1951 志賀島水族館〈志賀町〉
1954 和布刈水族館〈門司市〉
1956 福岡水族館〈福岡市馬出〉
1968 九州大学農学部水産実験所附置水産増殖科学館〈津屋崎町〉
1989 **91 海の中道海洋生態科学館（マリンワールド海の中道）〈福岡市〉**
1995 ネイブルランド水族館〈大牟田市〉

佐賀　0／1
1954 呼子水族館〈呼子町〉

長崎　4／9
1953 佐世保市水族館〈佐世保〉
1959 長崎水族館〈長崎市〉
1959 西海橋遊園地水族館〈佐世保〉
1973 野母崎マリンランド海洋博物館水族室〈野母崎町〉
1976 壱岐生態水族館〈芦辺町〉
1991 **92 海のふるさと館しんうおのめふれ愛ランド〈新魚目町〉**
1994 **93 西海パール・シー・センター水族館（九十九島水族館「海きらら」）〈佐世保市〉**
1994 **94 ゆうゆうランド干拓の里むつごろう水族館〈諫早市〉**
2001 **95 長崎ペンギン水族館〈長崎市〉**

熊本　1／6
1938 九州大学理学部附属天草臨海実験所水族館〈苓北町〉
1955 天草産業観光大博覧会水族館〈本渡市〉
1959 熊本海水水族館〈熊本市〉
1966 天草海底自然水族館（現・天草いるかワールド）〈本渡市〉
1967 竜宮水族館〈松島町〉
1982 **96 海中展望船まつしま（わくわく海中水族館シードーナツ）〈松島町〉**

大分　1／7
1921 第14回九州沖縄八県連合共進会水族館〈大分市〉
1928 別府市中外産業博覧会水族館〈別府市〉
1937 六勝園水族館〈別府市〉
1957 別府水族館〈別府市〉
1964 大分生態水族館（マリーンパレス）〈大分市〉
1972 日田淡水魚センター（淡水魚回遊水族館）〈日田市〉
2004 **97 大分マリーンパレスうみたまご〈大分市〉**

宮崎　4／6
1957 青島水族館〈宮崎市〉
1991 **98 高千穂峡淡水魚水族館〈高千穂町〉**
1992 こどものくに淡水熱帯魚館ピラルク〈宮崎市〉
1995 **99 大淀川学習館〈宮崎市〉**
1995 **100 すみえファミリー水族館〈延岡市〉**
1995 **101 宮崎県出の山淡水魚展示館〈小林市〉**

鹿児島　2／6
1956 桜島水族館〈桜島村〉
1958 鹿児島鴨池動物園水族館〈鹿児島市〉
1972 瀬戸内町営海中公園センター竜宮（水族室）〈瀬戸内町〉
1972 鴨池マリンパーク〈鹿児島市〉
1997 **102 かごしま水族館「いおワールド」〈鹿児島市〉**
1998 **103 奄美海洋展示館〈名瀬市〉**

沖縄　1／3
1975 沖縄国際海洋博覧会海洋生物園水族館〈本部町〉
1977 沖縄こどもの国水族館〈沖縄市〉
2002 **104 沖縄美ら海水族館〈本部町〉**

図1・1　ワイングラスに飼育されたクラゲ（写真提供　鳥羽水族館）

図1・3　The Ancient Wrasse（The Aquarium 口絵より）

図3・1　東アフリカ・コモロ島で撮影されたシーラカンス（写真提供　鳥羽水族館）

図4・4　ナポリ水族館内部展示水槽

図4・8　ナポリ湾産頭足類（Jatta, 1896）

図4・21　水槽上部に設置されたメタルハライドランプ

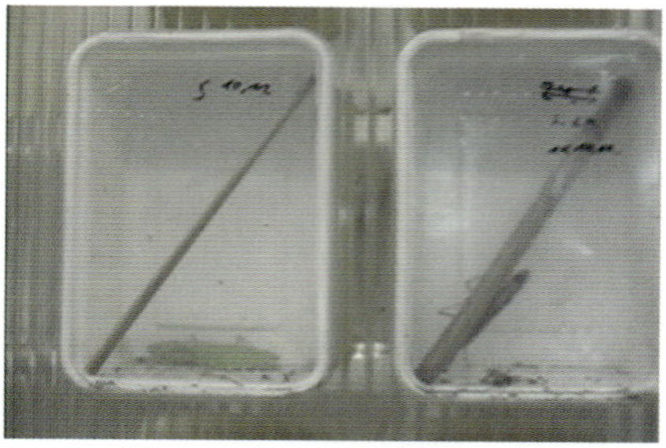

図4・30　昆虫飼育容器内の様子

図4・32　ジェノバ水族館イルカ展示水槽

(A)

(B)

図5･1　東海大学海洋科学博物館の展示
（A）岩をさぐる環境再現型展示
（B）テッポウエビとハゼの生態的展示

(A)

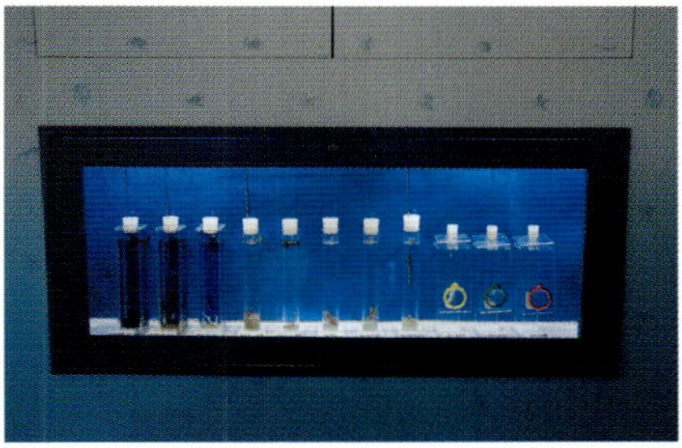

図5･2　小型無脊椎動物の展示
（A）東海大学海洋科学博物館
（B）和歌山県立自然博物館
（C）串本海中公園センター

(B)

(C)

図6･2　イソギンチャクとの共生と卵保護行動
左━イソギンチャクに共生するカクレクマノミ　右━孵化間近の卵を守るバリアリーフアネモネフィッシュ

図 7・1　バンドウイルカの親子

図 13・7　標津サーモン科学館産卵水槽内での産卵の瞬

図 7・3　鰭脚類 3 種の違い
上―ゴマフアザラシ
中―カリフォルニアアシカ
下―セイウチ

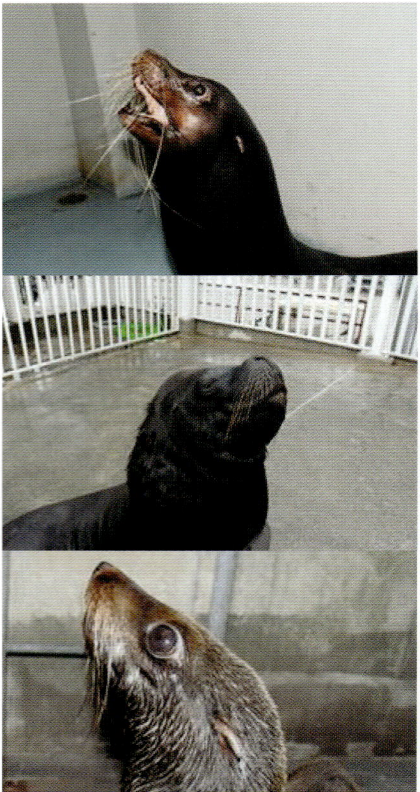

図 7・4　アシカ科 3 種顔の特徴
上―カリフォルニアアシカ
中―オタリア
下―ミナミアメリカオットセイ

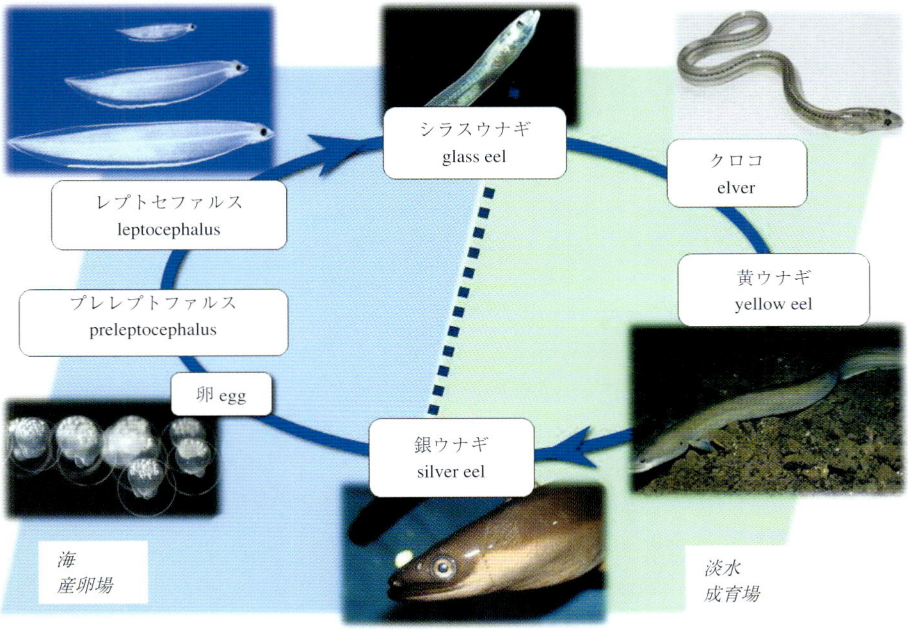

図 16・3　ウナギの生活史と発育段階の名称

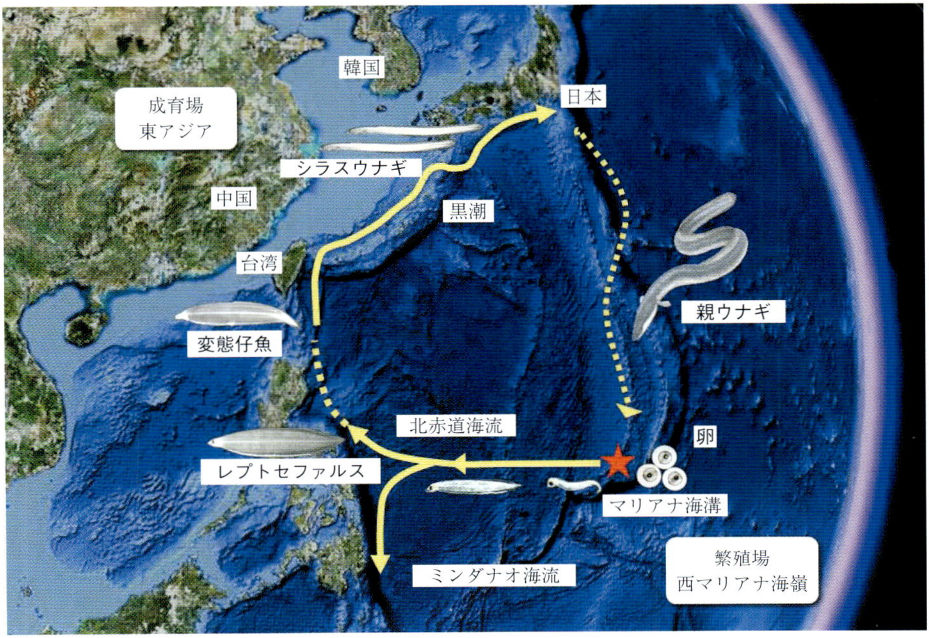

図 16・4　ニホンウナギの回遊経路（地図は Google Earth）

図 16・6　ニホンウナギの銀化インデックス（Okamura *et al*. 2007）
上から順に Y1, Y2, S1, S2 ステージで，Y1, Y2 は黄ウナギ，S1, S2 は銀ウナギ．

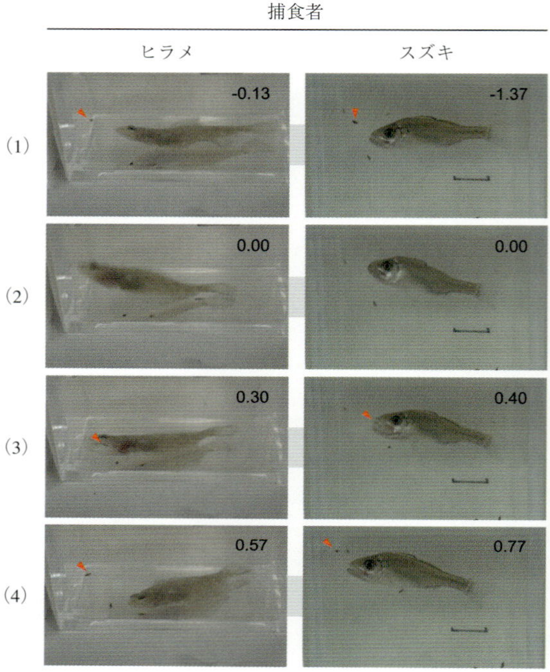

図 17・1　トラフグ仔魚を用いた捕食実験
トラフグ仔魚は被食者として用い，捕食者にはヒラメおよびスズキを用いた．(1) 捕食前；(2) トラフグ仔魚が捕食者の口腔に導入された瞬間；(3) および (4) 捕食された仔魚（矢じり）が，直後に吐き出される過程．各パネル右上の数値は，捕食された瞬間を 0.00 秒とした場合の経過時間を表す．Itoi *et al*.（2014）を改変．

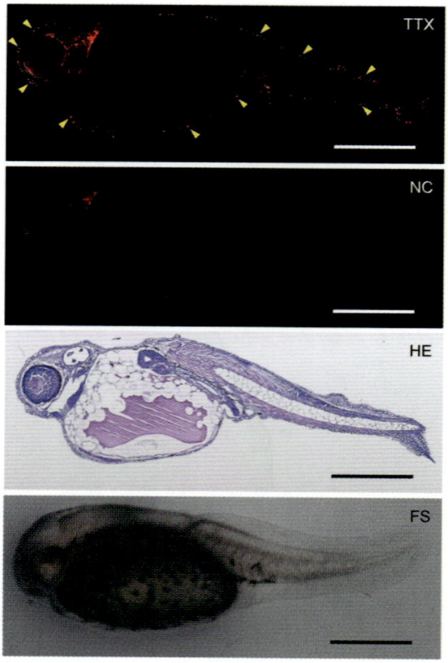

図 17・2　トラフグ仔魚における TTX の局在
TTX，抗 TTX 抗体で処理した仔魚；NC，陰性コントロール；HE，HE 染色；FS，ホルマリン固定の仔魚．抗 TTX 抗体の陽性反応は，赤色を呈している（矢じり）．陰性コントロールは，マウス IgG で処理した．HE 染色で組織構造を観察した．スケールバーは 0.5 mm．Itoi *et al*.（2014）より引用．

図 19・1　ヤイトヤッコの繁殖行動

図 19・2　ヤイトヤッコの性転換に伴う体色変化
上左—雌
上右—中間型
下　—雄

まえがき

多くの人々を魅了して止まない水族館．その発祥は，英国ロンドン動物園内に1853年に開設されたFish Houseとされている．当初は，台の上に置いた小さな水槽で水生生物を見せる程度の施設であったが，やがて循環濾過装置が考案され，海水を頻繁に交換することなく水質を維持できるようになった．また，熱交換器や殺菌装置などの環境調節装置や大型アクリルガラスの製造技術の発達などにより，現在の水族館では，比較的安定して多くの水生生物を飼うことができる．さらに，飼うことが難しい生物の飼育・繁殖に果敢に挑み，自然の営みを水槽内で再現させるなどの飼育員のたゆまぬ努力が実り，飼育展示が可能な生物も年々増加傾向にある．Fish House開設から約160年経った現在，われわれは水族館で，体長8 mを超えるジンベイザメや深海の生物をガラス越しに見ることができるようになった．

近年，水族館の施設は急速に変貌を遂げてきたが，その役割も同様に多様化してきた．わが国の水族館は，比較的長い間，単に珍しいあるいは美しい生き物を見たり，海獣類の曲芸などを楽しんだりするリクリエーションの場であった．しかしながら最近では，絶滅危惧種や希少種など水生生物の繁殖・保護の場として，あるいは水生生物の展示を通じて海洋環境や生物多様性の大切さを学ぶ社会教育の場としての役割も求められるようになった．さらに，飼育員によって実施される生物研究も多くの成果をあげており，水族館の重要な役割となりつつある．これらの活動に触れることで，毎年，多くの若者が水族館飼育員になることを夢見て海洋生物系あるいは水産系の学部・学科に入学している．

このような多様なニーズに応えるため，水族館の飼育員には多くの知識や経験が求められているが，幅広い知識が得られる成書が少ないのが教育現場の悩みであった．本書は，水族館の飼育員・学芸員を目指す学生諸君の教科書・参考書として，あるいは水族館や水生生物をより深く理解しようとする人々の啓蒙書として企画されたものであり，その一助となることを願って止まない．

本書には多くの不十分な点もあろうが，読者諸賢からのご批判，ご意見を頂きながら，後日の改善に努力したいと考えている．

本書の刊行に当たり，多忙の中を分担執筆にご協力された執筆者の方々，本書の企画段階からお世話になった小浴正博氏をはじめとする恒星社厚生閣編集部の方々に心からお礼申し上げる.

2014 年 2 月末日

杉田　治男

編者・執筆者一覧（五十音順）

＊は編者

秋山 信彦　東海大学海洋学部 教授　海洋学部博物館 館長
朝比奈 潔　日本大学生物資源科学部 特任教授
荒　 功一　日本大学生物資源科学部 教授
糸井 史朗　日本大学生物資源科学部 教授
奥津 健司　株式会社横浜･八景島 経営企画部 部長
倉形 邦弘　新江ノ島水族館 企画開発部 特命担当
小糸 智子　日本大学生物資源科学部 専任講師
小島 隆人　日本大学生物資源科学部 教授
＊杉田 治男　日本大学生物資源科学部 特任教授
鈴木 宏易　東海大学海洋科学博物館 学芸員
鈴木 美和　日本大学生物資源科学部 教授
高井 則之　日本大学生物資源科学部 准教授
谷村 俊介　新江ノ島水族館 展示飼育部統括 世界淡水魚園水族館副館長
塚本 勝巳　東京大学名誉教授
中井 静子　日本大学生物資源科学部 助教
中坪 俊之　すみだ水族館営業企画部 展示企画担当部長
野口 文隆　東海大学海洋科学博物館 学芸員
広海 十朗　日本大学生物資源科学部 特任教授
堀田 拓史　東海大学海洋学部 准教授
牧口 祐也　日本大学生物資源科学部 専任講師
間野 伸宏　日本大学生物資源科学部 准教授
村山　 司　東海大学海洋学部 教授
山田 一幸　東海大学海洋科学博物館 学芸員

水族館と海の生き物たち

目　次

まえがき……………………………………………………………………………………………………i

第1部　水族館とは

1章　水族館の歴史 ………………………………………(堀田拓史)………(2)

1･1　水族館のはじまり ……………………………………………………………(2)

1･2　ゴスとロイド ……………………………………………………………………(3)

1･3　水族館の発達 ……………………………………………………………………(6)

2章　水族館の役割と世界水族館会議 ………………(堀田拓史)………(7)

3章　水族館と博物館 ……………………………………(堀田拓史)……(12)

3･1　水族館学芸員のすすめ ………………………………………………………(12)

3･2　Curator と学芸員 ………………………………………………………………(13)

3･3　水族館学芸員に必要な資格と資質 …………………………………………(16)

4章　世界と日本の水族館 ……………………………(堀田拓史)……(18)

4･1　ナポリ水族館 ……………………………………………………………………(18)

4･2　モナコ海洋博物館 ……………………………………………………………(22)

4･3　ベルリン水族館 …………………………………………………………………(25)

4･4　ジェノヴァ水族館 ………………………………………………………………(27)

4･5　世界の主要水族館 ………………………………………………………………(28)

4･6　日本の水族館 ……………………………………………………………………(29)

コラム

博物館法と学芸員 ………………………………………(堀田拓史)……(17)

水族館の展示技術（巨大化する展示水槽）……………(堀田拓史)……(30)

第２部　水族館の主役たち

５章　無脊椎動物 ……(野口文隆)……(34)

5･1　日本の水族館における無脊椎動物 ……(34)

5･2　無脊椎動物の展示 ……(34)

5･3　脇役から主役へ ……(35)

5･4　クラゲ類（ヒドロ虫綱，箱虫綱，鉢虫綱，有櫛動物門）……(36)

5･5　サンゴ類（花虫綱：八放サンゴ亜綱，六放サンゴ亜綱）……(36)

5･6　展示の工夫 ……(37)

5･7　小型種の展示 ……(38)

5･8　未来に向けて ……(39)

６章　魚　類 ……(山田一幸)……(40)

6･1　水族館の魚たち ……(40)

1）やはり「魚」は主役（40）　2）東海大学海洋科学博物館における魚類（41）

6･2　水族館の人気者「クマノミ」……(41)

1）クマノミとは（41）　2）水族館のクマノミたち（41）　3）クマノミとイソギンチャク（42）　4）クマノミを飼う（43）　5）クマノミの繁殖・育成（43）　6）クマノミの展示（44）

７章　海獣類 ……(奥津健司)……(45)

7･1　鯨　類 ……(46)

1）分　類（46）　2）形　態（46）　3）感　覚（47）　4）食　性（47）　5）水族館での鯨類飼育（48）

7･2　鰭脚類 ……(49)

1）分類･形態（49）　2）感　覚（49）　3）アザラシ（50）　4）アシカ（50）　5）セイウチ（51）　6）食　性（51）

7･3　海牛類 ……(52)

1）分　類（52）　2）分　布（52）　3）形　態（52）　4）食　性（53）

7･4　ラッコ ……(53)

1）分類・分布（53）　2）形　態（53）　3）食　性（54）

8章　海鳥類 ……………………………………（倉形邦弘）……（55）
8·1　海鳥とは ……………………………………………………（55）
1）ウミスズメ類（55）　2）ペンギン類（56）
8·2　ペンギン類の飼育展示法 ……………………………………（58）

第3部　水族館の生物学

9章　海の生態系 ……………………………（荒　功一・広海十朗）……（62）
9·1　海洋生物の生態学的分類 ……………………………………（62）
9·2　海洋生物の機能・役割 ………………………………………（63）
9·3　食物連鎖の構造 ………………………………………………（63）
9·4　海域ごとの特徴的な生態系 …………………………………（65）
1）沿岸域（65）　2）サンゴ礁（66）　3）マングローブ河口域（67）　4）沿岸湧昇域（67）　5）外洋域の漂泳区（68）　6）南極域：高栄養塩—低クロロフィル（HNLC）海域（68）　7）外洋域の深海底：もう1つの生態系（69）

10章　無脊椎動物のしくみと生態 ……………………（中井静子）……（70）
10·1　無脊椎動物とは ………………………………………………（71）
10·2　無脊椎動物の仲間たち ………………………………………（72）
1）海綿動物—カイメン（72）　2）刺胞動物—クラゲ·イソギンチャク·サンゴ（72）　3）有櫛動物—クシクラゲ・ウリクラゲ（73）　4）扁形動物—ヒラムシ・プラナリア（74）　5）環形動物—ゴカイ・ケヤリムシ（74）　6）軟体動物—貝類，イカ・タコ・ウミウシ（74）　7）節足動物—甲殻類（カニ・エビ・フジツボ）（75）　8）棘皮動物—ヒトデ・ウニ・ナマコ（75）　9）脊索動物—ホヤ・脊椎動物（魚・イルカ・クジラ・海獣類）（76）

11章　魚類の形態と生態 ……………………………（高井則之）……（78）
11·1　魚類って何？ …………………………………………………（78）
11·2　硬骨魚類 ………………………………………………………（78）
11·3　軟骨魚類 ………………………………………………………（80）

11·4　魚の種名を調べる ……(80)
1) プロポーション (80)　2) 固有形質の有無 (81)　3) 体節的形質 (計数形質) (81)　4) 色彩・斑紋 (81)
11·5　魚体のサイズを測定する ……(82)
1) 魚体の長さ (82)　2) 体　重 (82)
11·6　自然界での空間利用 ……(83)
1) 回　遊 (83)　2) 生息水深帯 (83)
11·7　年齢と成長 ……(84)
11·8　繁　殖 ……(85)
11·9　食　性 ……(86)
11·10　おわりに ……(87)

12章　魚類のしくみ ……(朝比奈　潔)…(88)
12·1　神経系 ……(88)
12·2　呼吸・循環系 ……(90)
12·3　消化系 ……(92)
12·4　排出系 ……(93)
12·5　生殖系 ……(95)

13章　魚類の行動 ……(98)
13·1　水族館に生きる魚の聴覚 ……(小島隆人)……(98)
1) 水中音と聴覚閾値 (99)　2) 音の周波数弁別 (100)
13·2　魚類の繁殖行動 ……(牧口祐也)……(103)
1) サケ科魚類の繁殖行動 (103)　2) 標津サーモン科学館 (105)

14章　海獣・鳥類のしくみ ……(鈴木美和)……(106)
14·1　移動コストの削減 ……(107)
14·2　寒さの克服 ……(108)
1) 羽　毛 (108)　2) 脂肪層 (109)　3) 対向流熱交換システム (109)
4) 餌をたくさん食べて代謝率を上げている？ (110)
14·3　驚異的な潜水能力を支える機構 ……(110)
14·4　海のなかで体液浸透圧を正常に保つ ……(111)

14·5　絶食に耐える ……………………………………………………………………(112)

15章　飼育下の海獣類における認知研究―「賢さ」を調べる
……………………………………………………………………(村山　司)…(114)
15·1　水族館でできること・できないこと ……………………………………(115)
15·2　自然な行動を把握する ………………………………………………………(115)
1）行動の観察（115）　2）実験的観察（116）
15·3　認知実験 …………………………………………………………………………(118)
1）実験の原理（119）　2）「比較させる」（120）　3）見本合わせ（121）
15·4　ヒトの認知，イルカの認知 …………………………………………………(123)

16章　ウナギの生態と保全 ……………………………………(塚本勝巳)…(124)
16·1　世界のウナギ ……………………………………………………………………(124)
1）分　類（124）　2）地理分布（125）
16·2　生活史と回遊 ……………………………………………………………………(127)
1）生活史（127）　2）回　遊（128）
16·3　行動と適応 ………………………………………………………………………(129)
1）皮膚呼吸（129）　2）浸透圧調節（129）　3）銀　化（131）
4）成　熟（132）
16·4　起源と進化 ………………………………………………………………………(134)
1）分子系統樹（134）　2）ウナギの「イブ」（136）
16·5　資源と保全 ………………………………………………………………………(136)

17章　海産生物の毒 ……………………………………………(糸井史朗)…(139)
17·1　食中毒に関連する動物性自然毒はすべて魚介類由来 ………………(139)
17·2　海洋生物の毒による食中毒 ……………………………………………………(139)
17·3　フグは毒をどのように使っているのか？ …………………………………(141)
17·4　有毒生物にとっての「毒」………………………………………………………(144)

18章　深海生物の不思議 ………………………………………(小糸智子)…(145)
18·1　深海の世界 ………………………………………………………………………(145)
1）深海とは（145）　2）深海底に生息する生物（145）　3）熱水噴出域と冷水湧出域（146）

18·2　生物の環境適応 ……………………………………………………………(146)
1）無脊椎動物の環境適応（146）　2）含硫アミノ酸とタウリン輸送体（147）　3）現場での研究（148）　4）浅海の無脊椎動物におけるタウリン輸送体の役割（149）　5）進化と分散（150）
18·3　深海生物の展示 ……………………………………………………………(150)
18·4　深海生物の不思議 …………………………………………………………(151)

第４部　水族館で生物を飼う

19章　水族館の飼育技術（水族館での飼育と繁殖） ……………………(154)
19·1　多様な飼育方法と水族館の飼育による社会貢献 ……(秋山信彦)‥‥(154)
1）種による飼育法の違い（154）　2）飼育目的による違い（154）
3）水族館で繁殖させた技術の応用（156）
19·2　水族館での水族の入手から展示まで ……………………(鈴木宏易)‥‥(158)
1）生物の搬入（158）　2）搬入から展示へ（160）　3）水槽管理（161）
4）水質管理（161）　5）魚病対策（161）　6）展示水槽内での繁殖育成活動（162）

20章　水族館の設備と水質管理 ……………………………………(谷村俊介)‥‥(164)
20·1 溶存酸素と二酸化炭素 ……………………………………………………(165)
20·2 窒素化合物 ……………………………………………………………………(166)
1) 有機窒素化合物の分解（167）　2）アンモニアの除去（167）　3）濾過槽の硝酸化成作用（167）　4）濾過槽の熟成（168）
20·3 脱窒作用 ………………………………………………………………………(170)

21章　水族館の衛生管理 ……………………………………………(杉田治男)‥‥(171)
21·1 日和見感染菌の分布 ………………………………………………………(172)
21·2 主な殺菌法 ……………………………………………………………………(173)
1）紫外線（173）　2）オゾン（173）　3）塩　素（174）
21·3　プロバイオティクス ………………………………………………………(176)
1）プロバイオティクスとは（176）　2）免疫増強型プロバイオティクス（177）　3）競合型プロバイオティクス（177）

22章　魚病と治療 ……………………………………………（間野伸宏・中坪俊之）……（178）
22･1　水族館における魚病学 ………………………………………………………………（178）
1）魚病学の歴史（178）　2）水族館における魚病学の特徴（179）
22･2　魚病の発生原因 ………………………………………………………………………（180）
1）発生原因の種類（180）　2）魚病（感染症）の特徴（180）
22･3　魚病の対策 ……………………………………………………………………………（182）
1）治　療（182）　2）予　防（184）
22･4　魚病の診断 ……………………………………………………………………………（185）
1）行動観察（186）　2）死魚検査（186）　3）精密診断（病原体の同定）のための検体管理（187）
22･5　水族館における今後の魚病対応 ……………………………………………………（188）
コラム
深海は未報告の魚病の宝庫？ ……………………………………………（間野伸宏）……（181）
硫酸銅の処置濃度 ……………………………………………………………（中坪俊之）……（184）
思いこみは危険 ………………………………………………………………（中坪俊之）……（186）
水族館における魚病研究の悩み …………………………………………（間野伸宏）……（187）

第１部　水族館とは

１章　水族館の歴史

２章　水族館の役割と世界水族館会議

３章　水族館と博物館

４章　世界と日本の水族館

コラム１　博物館法と学芸員

コラム２　水族館の展示技術（巨大化する展示水槽）

1 章

水族館の歴史

1･1　水族館のはじまり

現代では，犬や猫だけではなく魚類，両生・爬虫類，昆虫などをペットとして大切に飼っている人も多い．いつごろから人は，生物を愛玩することを始めたのだろうか．例えば，人類と犬との関係は古く，イスラエルでは今から 1 万 2000 年前に，日本では 7300 年ほど前に，飼っていたと思われる犬を手厚く埋葬した例が残っているという（小佐々，2013）．そして，魚類を代表とする水生生物と人類との関係を示すものとしては，古くは紀元前 25 世紀の古代シュメール人が淡水魚を飼育していた話や，紀元前 11 世紀の中国周代において「家魚」という言葉が残っている例があるという（鈴木・西，2010）．人が犬を狩りに利用していたことは容易に想像できる．しかしながら，手厚く葬られた犬の墓の存在は，人間と犬とのあいだに，利用し・利用されるという関係だけではなく，犬を可愛がることで次第に大きな愛着が人の気持ちのなかに生じてきたことを窺わせる．恐らく人と魚との関係も，食料としてストックするという当初の意味合いから，次第に愛玩生物的な意味に変化してきたのであろう．そして一般家庭で，鑑賞するために魚を飼育していたことが記録に登場するのは，比較的最近になった 17 世紀のことである．

サミュエル・ピープス（Samuel Pepys）というイギリス人が残した 1665 年 5 月 28 日（日）の日記に，以下のような記述がある（Braybrooke, 1887）．

> Thence home and to see my Lady Pen, where my wife and I were shown a fine rarity: of fishes kept in a glass of water, that will live so for ever; and finely marked they are, being foreign.
> レディ・ペンとよばれる女性の家庭で，妻と私はすばらしい珍品を見た．それは，ひとつのグラスに入った水の中に飼育された魚で，かなり長く生

きており，繊細な模様がある外国種である．

この魚が，中国原産の「金魚」なのか，それとも中国南部から東南アジア原産の「パラダイス・フィッシュ」とよばれる魚種なのかは，論議がされているようである．しかし，グラスのような小容器でもかなり長く飼育可能であったことから，恐らくはラビリンス器官をもち空気呼吸が可能である「パラダイス・フィッシュ」であったと思われる．

いずれにしても，生きた魚をかなり長い期間，飼育していたことをはっきりと記述した記録である．その文章には，それほど詳しい記述はなされていないが，飼育容器の横から人が覗き込み，ガラス1枚を隔てて，魚の様子を眺めて楽しんでいる時の好奇な眼とその表情が容易に想像できるし，このような感覚は現代人にも未だに色濃く残っている（図1・1カラー口絵）．

現代では多くの人々が，家庭に水槽を設置し，その中に多様な生物を飼育して楽しんでいる．そのホーム・アクアリウムの源流が17世紀のヨーロッパにあった．

1･2　ゴスとロイド

サミュエル・ピープスの日記記録から190年ほど後の1854年になると，ゴス（Philip Henry Gosse，図1･2）が“THE AQUARIUM: AN UNVEILING OF THE WONDERS OF THE DEEP SEA”という書物をイギリスで発行した．この本の中でゴスは，それまで使用されていた“Vivarium”や“Aqua-vivarium”という用語の問題点をあげ，“Aquarium”という用語を採用した理由を以下のように述べている．

図1・2　Philip Henry Gosse（Edmund Gosse, 1890; The Life of Philip Henry Gosse 口絵より）

幾人かは，“Vivarium”という語を選び，そして私自身も場合によってはその用語を使用してきた．しかし，その語彙には，明瞭さが欠けるという論議がある．この“Vivarium”という語は文字通り，生きている動物が飼育されているような囲い地を意味するもので，古代人は，“a park（囲われた自然公園・猟園）”，“a rabbit-warren（養兎場）”，“a fish-pond（養魚池）”を示すためにその用語を用いた．それ故に，“Vivarium”という言葉は，動物園（Zoological Garden）全体にも適用できるし，その中のハウスや中庭，また水槽にも同様に適用できる．この不明確な語彙を払拭するために，他の幾人かは“Aqua-vivarium”という用語を使用した．この用語に対する異議は，その長ったらしく，簡略でない点にあり，このことがその用語を，一般的な展示または国内施設に対して不適切な言葉にしている．

私は，整った語形をもっていること，そして語彙が明確であるという議論を受けて，“Aquarium”という語を採用した．この“Aquarium”という用語は，水生植物が飼育される水槽を示すものとして，植物学者の中ではすでに使用されていたものだが，我々の水槽に対して，その同じ“Aquarium”という語を使用することは許容されることである．植物の成長は最も重要であり，その水槽への水生動物の追加は，全くその名称の妥当性を損なうものではない．もしその中に淡水産の生物が含まれているのであれば“Freshwater Aquarium”，また，この本の主題を成している海水産生物が含まれるのであれば“Marine Aquarium”と区別して，“Aquarium”という言葉を，水生動物と植物両方の興味深い採集物を表現するための，選ばれた用語の1つとして使用する．（Gosse, 1854. p256-257 / 筆者訳）

ゴスにとって，“Aquarium”という言葉は，水生植物と動物の両方を表現することのできる水槽全体の機能に対する用語であったようだ（図1·3カラー口絵）．具体的には植物の水質浄化作用と光合成時の酸素供給を利用して，自然の摂理を再現した平衡水槽の中で，水生動物を飼育して人々に見せることであった．しかしながら，水槽内の平衡がくずれると，水生動物をそれほど長い期間生かすことはできなかったであろう．また，このような平衡水槽では，収容できる動物数も限られていた．水生生物を水槽の中で長く生かせるようになったのは，ロイド（William Alford Lloyd）が砂濾過槽を組み込んだ循環装置をつくり，水質の浄化と維持ができるようになってからである．

ロイドの砂濾過循環を使用した水族館は，ハンブルグ，クリスタル・パレス，ブライトン，ナポリ，トロカデロ，アムステルダム，プリマス，アントワープ，ベルリンなど，ヨーロッパ各地のめぼしい水族館に採用されたようである（鈴木・西，2010）．そして，この砂濾過を用いた飼育水の循環システムは，日本にも東京大学理学部教授の飯島　魁によって導入され，現在においても多くの水族館で応用され使用されている．

砂濾過には，①水中に含まれる懸濁物（SS：Suspended Solid）を除去する物理的濾過と②生物の死骸や排泄物から生じるアンモニアを低害化するための生物（化学）的濾過の2つの濾過効果がある．この砂濾過が導入されたことにより，水槽に収容可能な水生生物の量は格段と大きくなり，それ以降，水槽サイズは大型化し，施設における水槽総数も増加する傾向となった．また，平衡水槽において，水質浄化作用の担い手であった水生植物が必ずしも必要とされなくなったのである．

現在の水族館では，海獣類の飼育プールに，物理的濾過効果を優先して急速濾過器を用いる場合が多い．これは，鯨類や鰭脚類などを飼育するプールには，飼育水中のアンモニア濃度よりも，透明度の維持を重要視しているからだ．一方，魚類や無脊椎動物を飼育する水槽では，生物（化学）的濾過効果を期待した緩速濾過槽が用いられることが多い．水生生物から排出される毒性の強いアンモニアは，好気性細菌によって，比較的毒性の弱い亜硝酸へ，そしてさらに毒性の弱い硝酸という物質に酸化されてゆく．自然界では嫌気性細菌の作用により，硝酸は窒素ガスとして放出（脱窒）される．しかし，砂濾過の作用だけでは脱窒することができないために，飼育水に増加した硝酸を取り除くには換水を行うしか方法がなかった．近年では，砂濾過の機能に加え，嫌気性細菌を培養する層や個別水槽を併設して，飼育水に蓄積した硝酸を脱窒するシステムの構築もおこなわれるようになっている．また，アンモニアとなる前のタンパク質や懸濁物を微細な気泡により除去するプロテインスキマーや飼育海水自体を電気分解することで生じる塩素イオンにより，飼育水の殺菌および浄化を行う装置や，オゾンによる浄化装置（オゾナイザー）が広く用いられるようになった．しかしながら，海水の電気分解による殺菌浄化装置やオゾナイザーの運転は，その操作を一歩間違えると大切な展示生物を大量に斃死させる事故を招くことになるので，常にその点を意識した行動と操作チェックが必要になることを心得なければならない．

1･3　水族館の発達

世界初の水族館は，イギリスのロンドン動物園内につくられた“Fish House”という施設であるといわれている．1853年の開館であった．それまでは潜水することによってしか見られなかった珍奇な生物を，水槽のガラス一枚隔てた向こう側に，容易にみることができるようになったのである．水中の不思議な世界は，人々の驚きと興味をもって大人気となり，ヨーロッパ各地で水族館の建設がされるようになった．主なものと示すと，次のようになる（鈴木・西2010より抜粋）．

年	水族館名あるいは所在地
1853年	ロンドン動物園 Fish House（ロンドン，英国）
1860年	Jardin d'Acclimatation（パリ，フランス）
1864年	Hamburg Aquarium（ハンブルグ，ドイツ）
1867年	Aquarium in Paris（第2回パリ万国博覧会，フランス）
1870年	Crystal Palace Aquarium（ロンドン，英国）
1873年	Brighton Aquarium（ブライトン，英国）
1874年	Naples Aquarium（ナポリ，イタリア）
1878年	Aquarium in Trocadéro（第3回パリ万国博覧会，フランス）
1882年	Artis-Aquarium（アムステルダム，オランダ）
1888年	Aquarium of the Marine Biological Laboratory（プリマス,英国）

一方，日本国内では，明治維新後の万国博覧会と海外列強国の視察によって，水族館や博物館の概念が取り入れられた．そして1882年に,上野動物園内で「観魚室（うをのぞき）」という施設が開設された．これが，日本で初めての水族館である．長く続いた武士の時代が終わり，近代化を目指し始めてわずか15年後のことであり，また世界初の水族館から遅れること29年後のことであった．その後，日本でもヨーロッパと同様に水族館の建設が活発となった．それらを以下に記す．

そして世界中に相当数の水族館が建設され，現在においても水族館は人気のある施設となっている．しかし，現代水族館における社会的な役割とは一体何であろうか？

年	水族館名
1882年	上野動物園内「観魚室」
1885年	（浅草）水族館（日本最初の私立水族館）
1890年	東京大学理学部附属三崎臨海実験所水族館（日本最初の大学附属水族館）
1895年	第四回内国勧業博覧会水族館
1897年	和田岬水族館（日本最初の海水循環飼育システムを採用）
1903年	第五回内国勧業博覧会水族館（後の堺市立水族館）
1913年	富山県連合共進会魚津水族館（現在の魚津水族館）
1924年	東北大学理学部附属浅虫臨海実験所水族館
1927年	松島教育水族館（現在のマリンピア松島水族館）
1929年	加茂町水族館（現在の山形県鶴岡市立加茂水族館）
1930年	中之島水族館（現在の伊豆三津シーパラダイス）
	京都大学理学部附属瀬戸臨海実験所水族館（現在の京都大学白浜水族館）
1934年	瀬戸日和山遊園水族館（現在の城崎マリンワールド）

（堀田拓史）

文　献

Braybrooke, R. L.（1887）：The diary of Samuel Pepys, Esq., F.R.S., from 1659 to 1669 with memoir, Frederick Warne and Co., pp. 240-241.

Gosse, E.（1890）：The Life of Philip Henry Gosse. K. Paul, Trench, Trübner & Company, 387 p.

Gosse, P. H.（1854）：The aquarium: an unveiling of the wonders of the deep sea. J. Van Voorst, 278 p.

小佐々学（2013）：日本獣医師会雑誌，66，10-18.

鈴木克美，西源二郎（2010）：新版水族館学，東海大学出版会，517 p.

2章

水族館の役割と世界水族館会議

4年に一度，世界中の水族館職員が集う会議が開催されているのをご存知だろうか？　世界水族館会議（IAC：International Aquarium Congress）とよばれている．元々，この会議は1960年にモナコ海洋博物館において，第1回国際水族館学会議として行われたものだ．第2回目は，その28年後の1988年に，第1回と同じモナコ海洋博物館で開催された．第3回目は1993年，アメリカのニューイングランド水族館にて開催され，この時に会議の名称が世界水族館会議と改称された．そして，第4回目の1996年に，東京都葛西臨海水族園で開催され，これ以降は現在のように4年に一度の開催となっている．その後の開催は以下の通りである．

回数	年	主催館	国	都市名
第5回	2000年	モナコ海洋博物館	モナコ公国	モナコ
第6回	2004年	モンテレー湾水族館	アメリカ	カリフォルニア
第7回	2008年	上海水族館	中国	上海
第8回	2012年	トゥー　オーシャンズ	南アフリカ	ケープタウン
第9回	2016年	バンクーバー水族館（予定）	カナダ	バンクーバー

筆者は，第4回と，第5回に参加したが，東京で第4回世界水族館会議が開催された1996年に，「第4回世界水族館会議への提言」として，日本の22の団体から以下のような文章が提出された（太字，下線は筆者による）．

第4回世界水族館会議への提言
提出団体名／22団体／順不同

エルザ自然保護の会／日本消費者連盟／オルカ工房／エコプラン研究所／アニマルライツセンター／自然通信社／なまえのないしんぶん／今淵事務所／自然食通信社／地球生物会議／野生生物協議会／ひげとしっぽ企画／BIG BLUE／シマリスとミズナラの森を見守る会／全国野生々物生息地環境調査研究所／動物実験の廃止を求める会（JAVA・東京都文京区）／サークリット／オイコス事務所／オーガニック・ネットワーク／JAVA（動物実験の廃止を求める会・東京都世田谷区）／クジラ問題ネットワーク／イルカ&クジラ・アクション・ネットワーク

第4回世界水族館会議参加者の皆様へ

私たちは，地球に生きるすべての生命を尊重する社会の実現を願い，より豊かな自然環境と生活環境を未来の世代に残したいと願って活動している団体および個人です．

私たちはこの度，世界各国の水族館関係者が一堂に集まり，各種問題について討議する「第4回世界水族館会議」が日本で開催されることを知りました．そこで，私たちが日々の活動を通じて感じている，今日の水族館の現状に対する疑問や疑念を，ぜひとも同会議に参加される方々にお伝えしたいと考えました．

今日，日本の大多数の人々にとって，水族館はとても楽しい夢のある施設として認識されています．感性豊かな子どもたちにとっては，さらにその意味は大きいでしょう．そして，私たちもまた，かつては同じ気持ちを持っていました．しかし，表からは見えない水族館の様々な問題を知るようになって，もはや水族館は悲しむべき施設になってしまったのです．

この提言は，私たちがなぜ水族館を“悲しむべき施設”と感じるようになったかを表明したものでもあります．それは，水族館関係者の皆様にとって，たいへん失礼な発言であるかもしれません．しかし，これらの疑問・疑念は，私たちの率直な思いです．

今日，人々の自然保護や野生生物保護，または動物愛護に対する興味や認識は，日ごとに高まっており，こうした疑問・疑念を持つ人々が国際的にも増え始めています．それを反映して，各種報道機関もこの種の問題について多くを伝えるようになっておりますし，英国でのイルカ・クジラ展示水族館の全廃や，アメリカ合衆国でのイルカやシャチのリリース活動なども，こうした人々の意識を反映したものだと言えます．

したがいまして，水族館がこのままの状態を維持するとしたら，近い将来，私たちのような疑問・疑念は多くの人々の共通の認識となるといっても過言ではないと思われます．そして，こうした時代の流れからすれば，水族館関係者の皆様がこうした問題に目を向けてくださることは，とりもなおさず水族館の将来的な利益にも合致することであると確信しています．

どうか水族館が，世界の子どもたちの夢を壊す施設とならないために，水族館に直接関わられる皆様がこうした問題に真正面から目を向けてくださいますよう，心よりお願い申し上げます．

末筆ながら，第 4 回世界水族館会議のご成功をお祈り申し上げます．

（作成：オルカ工房　渡辺久美子，Ⓒ 1996　Atelier Orca All Rights Reserved）

何故，水族館は悲しむべき施設と考えられるようになってしまったのか？多様な水族館があり，集客や商業ベースに重きを置く施設があることは事実である．しかし，モンテレー湾水族館やプリマス国立水族館，バンクーバー水族館のように，水族館の役割として，種の保全や環境保全に重点を置く水族館も少なくはない．日本の水族館はどうか？　継続的に考えていかねばならない問題である．

水族館の役割と社会との関わりについての 1 つの答えが，第 5 回世界水族館会議でモンテレー湾水族館のJulie Packard館長が行った発表の中にあると，私は考えている．以下にその発表の要点を記した．

Aquarium Roles in Inspiring Conservation of the Oceans: What We've Learned, and the Challenges Ahead

Julie Packard, Monterey Bay Aquarium
5th International Aquarium Congress
November, 2000

"Our mission…to inspire conservation of the oceans."

海洋の保全を啓発することにおける水族館の役割：
私たちが学んできたこと，そしてこれからの挑戦

Julie Packard，モンテレー湾水族館
第五回世界水族館会議
2000年11月

"私たちの使命は... 海洋の保全を啓発してゆくこと."

Aquarium Roles in Conservation

Aquarium Roles in Conservation

- Building public awareness, inspiring concern and action.
- Protecting aquatic species through breeding, field research and habitat conservation
- Advocacy
- Role model for sustainable business practices

保全における水族館の役割は，

- （保全に対する）公共意識を構築し，その関心と行動を喚起すること
- 繁殖やフィールドリサーチそして生息地（環境）の保全を通して水生種を守ること

・(そのための) 市民支援活動
・継続可能なビジネス事業のための役割モデルとなること

Public Education
・Inspiring concern, commitment and action through our exhibits, education programs and outreach initiatives
公共教育
・展示や教育プログラムそして先導的アウトリーチ活動を通して，保全に対する関心と義務そして行動を啓発してゆくこと

Direct conservation of species and their habitats
・Breeding programs
・Conservation science
・Habitat protection
生物種とそれらの生息地 (環境) の直接的な保全には，
・繁殖プログラム
・保全科学
・生息地 (環境) の保全 (があげられる)

Our most important role
・To provide experiences that will move people to act on behalf of the living species we seek to protect
そして，私たちのもっとも重要な役割は，
・私たちが守ろうとする生物種の代弁者となって，人々を (保全) 行動へと向かわせるような体験を供給することである

世界の水族館が目指す役割とは，端的に述べるとすれば，海洋の保全を啓発することであり，繁殖，野外調査や生息地保全などの活動を通して水生種を守ることであり，そのための教育や市民支援活動をすることである．水族館の目指す社会的役割は，決して人々を楽しませるというエンターテイメントだけではないのである．

この点を，これから水族館職員を目指す学生や人々には，特に意識して欲しいことである．正に，水族館の社会的な役割を再考するべき時期に，日本はあるのではないだろうか，水族館は博物館施設なのである．　(堀田拓史)

3章

水族館と博物館

3･1　水族館学芸員のすすめ

現在，筆者は東海大学海洋学部で博物館学芸員資格に必要な科目を教えている．そして筆者自身も，30年ほど前にこの学部で学芸員資格を取得して，水族館へ就職した一人だ．

学芸員の職務には，資料の収集・保存，展示，調査研究および教育普及という大きな項目があることを，学生時代に学び水族館へ就職した（近年ではさらに，博物館経営を視野に入れることも重要視されている）．しかしながら，水族館での仕事とされる範囲は，大学で学んだ学芸員の職務を大幅に超えるものであった．一般的な博物館では主に，生きてはいない資料を取扱うが，水族館では主に生きている資料を取扱っている．つまり，生きている資料を収集・保存するためには，採集・輸送・飼育・治療などの技術が必要となり，繁殖させることによって種を保存してゆくことが，大きな目的の1つとなる．

生物を飼育するには，毎日の餌の準備と給餌，飼育槽や飼育場の掃除，生物の健康管理や状態の把握，飼育機器のチェックや修理，場合によってはショーやパフォーマンスの準備やトレーニングなど，一般的な博物館学芸員よりもその仕事量は多い．毎日のこれらのルーティンワークで，もうヘトヘトになってしまい，「調査研究する時間なんてないよ！」と考える職員もいるかもしれない．しかし，よく考えて欲しい．毎日のルーティンワークのほとんどは，定時で終えることができる．閉館後，誰もいない水族館で，生きものたちを思う存分に好きなだけ，観察することができるのである．照明が消えて暗黒になれば，一般人では観察できないような生き物たちの行動や営みに，遭遇できるチャンスがここにはいくらでもある．近くに海があれば，採集器具をもって，生物採集に行くこともできるし，大きさや技術的な理由で自宅では飼育できない採集物も，水族館の飼育設備を用いて飼育し，ルーティンワークが終わったあとに研究することもできるのである.

このような活動や観察を続けることで，いつごろどこへ行けばどんな種類がいるのか，今年はこの種類が多いな（少ないな），最近ではこの種類は全くみることができなくなった，こんな種類は今までに見たことのないな，新種では？など，実に色々なことがわかるのである．実際に私は，このような活動を通して，クシクラゲの2新種（Horita, 2000，Horita *et al*., 2011）を発表することができた．水族館では研究だけをすることはできないが，その思いさえあれば，こつこつと地道に研究することは可能であるし，そこが水族館学芸員にとって最も面白い部分なのだ.

また，生きていない資料ではわからないことであっても，生きている資料を長期飼育することで，初めて理解できる事柄が沢山ある．その解明のためには，現在は飼育できない生物でも，将来的に飼育し展示する努力が必要だ．もちろん，限られた空間や設備のなかで飼育するには，技術的，また設備的問題を解決する必要があり，そのために多くの手間と時間が必要になる．しかし，それを考え，試行錯誤する課程がまた楽しいのである．問題点を解決し，飼育できなかったものを飼育展示できるようになった時に，大きな悦びを感じることができる.

そして，生きている資料を展示や教育に用いることによって，近年問題となっている知識偏重主義の教育を補完する，という意味での心的，感覚的，感性的な教育効果が期待できる．生物を見て，触れて，体験することから生じる率直な驚きや不思議さ，そして疑問．このようなものを感じることから，学習者はもっと知りたい，もっと学びたい，という自己学習へと導かれてゆくのである．水族館は，そのような生涯教育に通ずる長いスパンでの教育に対応することができる機関であることを，理解しておいて欲しい.

3･2　Curator と学芸員

冒頭で，東海大学海洋学部で学芸員資格を取得して，ある水族館に就職したことを述べた．当時，この水族館で学芸員資格をもっている職員は2名ぐらいであったと思う．3カ月の研修後，当時の館長は，「堀田君は，学芸員資格ももっているし！」と歓迎してくれた．この館長はなかなかの名物館長で，国内外の生物調査にも積極的で，海外へ出張させて戴くことも多かった．生物調査と会議などで訪れた国々は，以下に及ぶ.

・東アフリカ・コモロ諸島（シーラカンス調査：図3・1カラー口絵，3・2）
・パラオ（パラオオウムガイ採集・調査）
・オーストラリア，タスマニア島（シードラゴンとカモノハシ撮影・調査）
・フィリピン（ジュゴンおよび餌となる海草調査）
・アメリカ，カナダ（アメリカ・カナダ動物園水族館協会合同会議と水族館視察）
・モナコ，ドイツ，イタリア（第五回世界水族館会議と水族館視察）

現在では非常に難しくなったが，当時は海洋哺乳動物や魚類などの採集に，職員が現地まで出掛けて採集し，国内まで輸送することも多かった．上記の他にも，北極海，南米チリ，西アフリカ，中国，ニューカレドニアなどの出張先があった．

会議などで海外を訪れた場合には，現地の水族館を視察見学することも多かった．入社から10年ほど経ち，名詞には，肩書きとしてCuratorとChiefの名前を書き入れていた．Curatorとは「学芸員」，Chiefは平社員からひとつ昇格した「主任」という意味で使用していたが，カナダのバンクーバー水族館を訪れた時に，この名詞を差し出して館長にご挨拶をすると，館長は何も言わず怪訝そうに私の顔と名詞を交互にみていたことを思い出す．その後暫くして，米国でいうCuratorとは，博士号を有した館長・大学教授に相当する職員または管理職的役職であることを知り，この館長の怪訝そうな表情をした理由が理解できた．

図3･2　漁師によって釣り上げられたシーラカンス（写真提供　鳥羽水族館）

日本の学芸員資格は，現在のところ，学士卒業程度で取得できる．しかし，イギリスでは，修士程度の期間が取得に必要であるし，アメリカでは博士号の取得が望ましいとされている．日本では，資料の収集・保存，展示，調査研究，教育普及，といった職務すべてを学芸員が行うことが一般的であり，その上，最近では博物館経営についての知識も求められるようになった．しかし，海外では，それらの職務が，以下のように細かく分業されている．

・Registrar（登録管理者）
・Conservator（保存管理者）
・Restorer（修復技術者）
・Exhibition designer（展示専門職員）
・Museum educator（教育普及担当職員）

Curatorという役職は，これらの担当職員を束ねて監督する，管理職的存在であり，要するに，日本でいう学芸員とは，その職務内容がまるで違う職種である．

日本において，水族館学芸員の職務は非常に広い範囲に及ぶ．繰り返しになるがその範囲には，朝の点検や水槽掃除，調餌，給餌に始まり，トレーニング，解説・ガイド，パフォーマンス，設備点検，などに加え，採集→輸送→飼育→展示→繁殖→保管→調査研究→発表の目的に沿って，新しい知識や技術の考案や取得などが含まれる．このように書くと，「水族館での仕事は，何と大変なのであろう！」と感じる学生諸氏が居るかもしれない．

しかしながら水族館での仕事について，5年先輩である森　拓也学芸員（和歌山県すさみ町にあるエビとカニの水族館館長）は，こう述べている．「水族館は総合サービス業だ．人へのサービス，社会へのサービス，ちょっとカッコよく言えば自然へのサービス．ただし，同時に水族館は楽しくなければならない．私のように，水族館を見て生物や自然に興味を持つようになった人は少なくあるまい．」（森　拓也の『ふるさとエッセイ』紀伊新報2011年5月28日）．

実にうまい言い方であると思う．水族館は，人へ，社会へ，そして自然へのサービスを基本として活動する施設であることを理解していれば，色々な分野からの視点と考えが必要であるともに，大変やりがいのある職業であることに気付くはずである．

あとは，諸君のやる気と気構えにかかっているのである．

3·3　水族館学芸員に必要な資格と資質

幼い時に訪れた水族館またはその職員に憧れて，水族館に就職したいと考える学生が多い．それも大きな就職への理由になり得るが，動機としては少し弱いように思う．実際の水族館の仕事内容は，前述のように利用者の観点からだけでは理解できない内容が多く含まれている．幼い時の憧れだけで就職をするよりも，学生時代にボランティアや飼育研修などに参加して，本当に自分の望む，あるいは目指す仕事であるのかどうか，この点を確かめておくことを強く勧めておく．

水族館の職務には，案外と体力勝負の力の要る仕事が多いばかりでなく，潜水業務も多い．筆者の場合は，潜水することが大好きであったので，潜水掃除もそう苦にはならなかったが，潜水に慣れていない人や，それほど好きではない人にとっては，かなりの重労働となる．学生時代から，潜水技術を磨いて，PADI，NAUI などのダイビング協会が発行する潜水技術認定書であるCカード（Certification Card）と潜水士免許をペアで取得しておくことを勧めている．Cカードは潜水技術を証明するものであるが，これだけでは仕事としての潜水業務を行うことができない．水族館で潜水業務をするためには，潜水士免許が必要である．

学芸員資格は，水族館へ就職する場合は必ずしも求められるものではないが，もっていれば，望ましいという水族館は多い．その他に必ずしも必要であるという訳ではないが，筆者の場合は水質関係第1種公害防止管理者，就職後に小型船舶操縦免許を取得した．また，マニュアル操作タイプのトラックでも運転できるように，MT 車運転免許がよいだろう．それらに加えて英語などの語学力をつけておくことを勧めておく．

資格取得も大事なことであるが，その一方で，よい水族館学芸員になるための資質には，どのようなものがあるだろうか？

1つは，常に，「疑問」と「興味・関心」をもって，継続的に自らも学び，利用者や学習者と積極的に交流（コミュニケーション）できる資質である．もう1つは，先ずは水族館の多様性を受け入れる柔らかい頭脳をもち，その職務を多面的・総合的に見ることができる資質である．そして，いつもニコニコとし，相手の立場を考えた対応ができること．そのような職員がいたからこそ，かつて

の君たちと同じように，子供たちが水族館職員に憧れるのである．（堀田拓史）

コラム１　博物館法と学芸員

博物館学芸員資格は，当然のことながら，博物館で学芸員として働くために必要な資格である．しかしながら，博物館の一種とされる水族館に就職するためには，学芸員資格は必要となるのであろうか？　その答えは，1951年に施行された博物館法にある．

この博物館法でいう「博物館」とは「登録博物館」を指している．恐らく多くの学生，または一般社会人の方々は，「登録博物館」とはどのようなものかをご存知ではないと思う．一般に博物館とよばれる施設には，この「登録博物館」，「博物館相当施設」，「博物館類似施設」の３つに分別される．

これらの３つのうち，博物館学芸員を必ず置かなければならないのは「登録博物館」だけで，「博物館相当施設」では，学芸員に相当する職員（博士号や修士号を有する専門研究員）であれば，必ずしも学芸員を置く必要はないことになっている．そして，「博物館類似施設」においては，そのような規定はなく，事実上，博物館学芸員を置く必要はない．

さて，ここでクイズ．以下の施設のうち，学芸員を必ず置く必要がある「登録博物館」はどれか？（答えは，ページ下[*1]）

①国立科学博物館

②東海大学海洋科学博物館

③鳥羽水族館

更に，もう１つ，問題．2008年において，日本には博物館がどれぐらい存在するか？

答えは，5,775館である．そのうちの約78%が，法律上，学芸員設置要件のない「博物館類似施設」である．「登録博物館」は，約16%の907館，「博物館相当施設」は，約6%の341館．

水族館職員が募集される時に，学芸員として募集される場合はそう多くはなく，「学芸員資格を有していれば，尚可または望ましい」とされることが多い理

[*1] 答え．①②③のすべてが，「博物館相当施設」であり，「登録博物館」はない．

由は，前述した博物館法上の学芸員設置要件にあるように思う．（但し，美ら海水族館，碧南海浜水族館，寺泊水族館，のとじま臨海公園水族館，サンピアザ水族館，琵琶湖博物館，くじらの博物館，上越市立水族博物館，魚津水族博物館などは登録博物館であるので，学芸員としての募集が期待できる）．（堀田拓史）

文　献

Horita, T.（2000）：*Zool. Med. Leiden*, 73, 457-464.

Horita, T. *et al.*（2011）：*Zool. Med. Leiden*, 85, 877-886.

4章

世界と日本の水族館

これまで述べてきたように，1853年に世界で初めて，フィッシュハウスという名の水族館がロンドン動物園内に創られた．それ以降，世界各地に多くの水族館施設が建設されてきた．その幾つかを以下に紹介する．

4･1　ナポリ水族館（Acquario di Napoli / Stazione zoologica Anton Dohrn Napoli　1874年公開　イタリア）

現存する世界最古の水族館といわれている（図4・1，4・2）．ドイツ人動物学者アントン・ドールン（Anton Dohrn）（図4・3）によって設立された動物学研究所に附属する形式の水族館であり，1874年に公開された．建物中央付近に入口があり，向かって右ウイング1階が水族館，その2階に図書館，地下は貯水槽で，左ウイングは研究棟になっている（図4・2）．

水族館内部の壁は煉瓦づくりで，室内は薄暗く開館当時の雰囲気を漂わせる．23ほどの水槽があり，ナポリ湾に産する生物が主に展示されている（図4・4カラー口絵，4・5）．水槽照明は，今でこそ蛍光灯を補助的に使用しているが，水槽裏と天井にある採光窓からの自然光を取り入れる構造となっており（図4・6），日本の黎明期における水族館も恐らくこのような趣であったのではないかと感

図4･1　西方向からみたナポリ水族館/動物学研究所（Edwards, 1910）

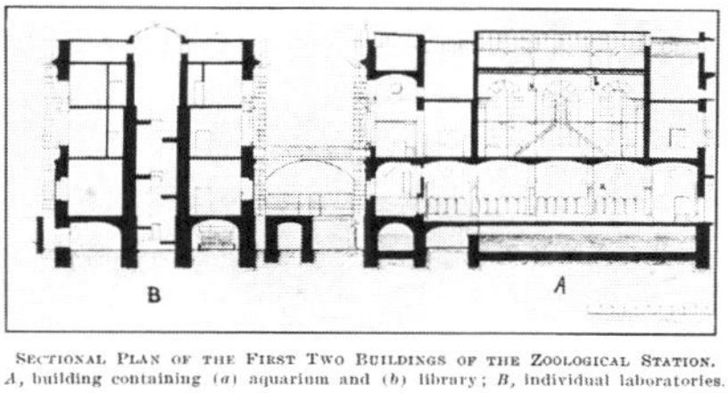

図4･2　ナポリ水族館/動物学研究所の初期内部構造（Edwards, 1910）

じた．飼育担当者に案内されて水槽上部に行くと，すぐにタコが近づいてきて，餌を催促するように腕を伸ばした．筆者の経験では，蓋のない水槽でタコを飼育すると必ず脱走してしまうのに，ここでは，決して水槽から逃げないという（図4・7）．また，この水族館では，地中海でのウミガメの保護と回遊調査を熱心に取り組んでいる．予備水槽では，ウミガメが多数飼育されていた．

水族館の階上は図書館となっており，動物学関係の世界的古典資料が揃っているために，訪れる日本人研究者も多い．また，この研究所から出版された「ナポ

図4･3　ドイツ人動物学者 Anton Dohrn 博士（Edwards, 1910）

図4･5　ナポリ水族館展示生物の様子

図4·6　ナポリ水族館展示水槽バックヤード

図4·7　担当者に餌をねだるタコ

リ湾およびその近海の動・植物相：Fauna und Flora des Golfes von Neapel und der angrenzenden Meeres-Abschnitte.」の膨大なモノグラフは有名であり，図4·8（カラー口絵;Jatta, 1896）のようなすばらしい図版が多数掲載され，動物学研究者でなくとも興味を惹かれるものである．クシクラゲ類の美しい図版もこのシリーズの中に含まれており，大学卒業後，その複写を入手するのに大変苦労した思い出がある．現在では，インターネット上の電子図書館で簡単にダウンロードして入手できる．よい時代になったものだとつくづく思う．

図4・9　研究室内の様子

図4・10　棚に整列された標本類

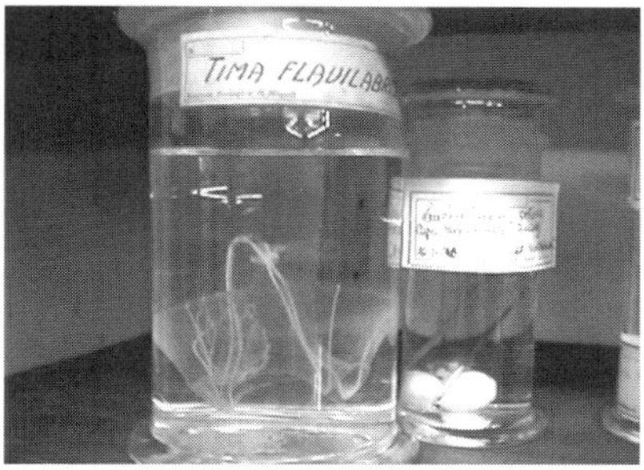

図4・11　ギヤマンクラゲの標本

図4・12　ロブスター類の標本

次に案内されて入った左ウイングの研究棟の一室では，多数の研究用標本資料が整理棚に陳列されていた（図4・9～12）．いずれもすばらしい標本で，よくこんなに綺麗に残せたものだと感心するものが多い．幾つかの興味ある標本について，「これ，どうやってつくったの？」と尋ねてみたが，「わからない」との返答であった．昔の研究者の残した美しい図版にも驚かされるが，標本を後世に残すための知恵と努力についても，いつもながら感心させられた．

日本においても，研究機関である大学の附属水族館が建設された．しかしながら，現在では，すでに閉鎖されてしまった施設も多い．生物を飼育して観察しなければ理解できない事象は，まだまだ多いと考えているので，大変残念なことであると思う．ナポリ水族館は，動物学研究のための附属水族館として，意義を残した現存最古の水族館といえる．

4·2　モナコ海洋博物館（Musée océanographique de Monaco 1910 年公開）

モナコ海洋博物館（図 4・13，4・14）は，フランス南部の地中海に面したモナコ公国にある．国王アルベール 1 世（1848－1922）が実施した地中海調査によって収集された資料，大型鯨類骨格，魚類，甲殻類，軟体動物などの海洋生物標本の他に，海洋生物を模ったモニュメントや照明（図 4・15，4・16），陶器類，モザイク画（図 4・17）などが展示されている．建物中央がエントランスとなっており，グランドフロアーにあるアルベール 1 世像（図 4・18）に向かって，右ウイングには講堂兼展示室，左ウイングに特別展示室がある．2 階の両ウイングは資料展示室（図 4・19，4・20），最上階にレストランと展望室となっている．そして地下には，水族館施設がある．

この水族館では，独特な海水浄化システムを取り入れている．つまり，水槽下部に数 cm ほどのプレナム（plenum）とよばれる嫌気層を設け，嫌気性細菌の培養と活動によって，硝酸を窒素ガスとして放出する Natural Nitrate Reduction システムを実用している．Jaubert's System あるいはモナコ式水槽ともよばれるこのシステムは，1988 年にニース大学のジャン・ジョベール博士（Dr. Jean M. Jaubert）が第 2 回国際水族館学会議で発表し，その翌年に館長であったジャック・クストーの後継者であるフランシス・ドゥマンゲ François Doumenge 館長からの依頼を受けて，40 トンのサンゴ礁水槽のセットアップを要請されたのを機に，モナコ海洋博物館で発展していった技術である（Jaubert, 2008）．このシステムを用いて，モナコ海洋博物館の地下にある予備水槽では，イシサンゴ類の自家養殖が行われていた．そして，この増・養殖されたサンゴ類は，大型水槽に移動・移植され，2000 年からは大規模なサンゴ礁を再現した展示を行っている．図 4·21（カラー口絵）は，その展示水槽上部に設置された，サンゴ類の光合成に必要な光波長を放出するメタルハライドランプである．その数量に驚かされる．

モナコ海洋博物館のあるモナコ公国は，世界で 2 番目に小さい国であるが，世界中の金持ちが集う国としても知られている．港には大型客船や大型クルーザー，ヨットが数多く係留されている（図 4·22）．モナコグランプリ開催日には，公道を F1 車が激走し，街には豪華なホテルやカジノ，洒落たブティックに綺麗

図4・13　地中海に面して建てられたモナコ海洋研究所

図4・14　モナコ海洋研究所，入口側

図4・15　頭足類を模ったモニュメント

図4・16　クラゲを模ったモニュメント

図4・17　深海魚などを図柄とした床面

図4・18　モナコ公国アルベール1世像

図4·19　2階右ウイング資料展示室

図4·20　2階左ウイング資料展示室

図4·22　大型客船が係留されるモナコ港の様子

な海と港が揃っている．休日になると，メインストリートでは出店や遊具が並び，子供たちを楽しませている．この小さな国に，豪華な施設やイベントが有機的に繋がり，うまく機能した観光立国の姿があり，学ぶことの多い都市プランとなっている．

アメリカ西部のモンテレーにも，古い缶詰工場を改装した町並みと水族館，自然環境下でのラッコやアシカ，美味しい海産物とマリンスポーツ，そしてなんといっても美しい海，これらをうまくリンクさせたすばらしい観光都市がある．日本でも，このような自然環境と町並み，そして地域のもてなし力を総合的にプロデュースできる人材としての水族館関係者が必要な時代になってきたようだ．そのような試みも，まだ少数だが，行われるようになっている．

図4・23　ベルリン水族館

図4・24　古生物をモチーフとしたベルリン水族館外壁

図4・25　子供たちに人気の的の錦鯉

図4・26　ベルリン水族館展示水槽

4・3　ベルリン水族館（Zoo-Aquarium Berlin　旧1869年，新1913年　ドイツ）

ベルリン水族館は，1869年に開設した非常に古い水族館である．しかし，残念な事に第2次世界大戦で，その当時の施設は破壊された．現在の建物は，1913年に新施設として動物園の敷地内に再建されたものだ．古生物をモチーフとした像や彫刻（図4・23，4・24）は，大切に保存されていた旧施設の破片を参考にして，忠実に再現したものなのだと，2000年当時の館長であったランゲ博士（Dr. Jürgen Lange）が説明してくれた．

この水族館に入るとすぐに，子供たちの歓声が聞こえ，水槽の前に集まる姿が見えた．近寄ると，その水槽には日本ではお馴染みの錦鯉が入っており，子

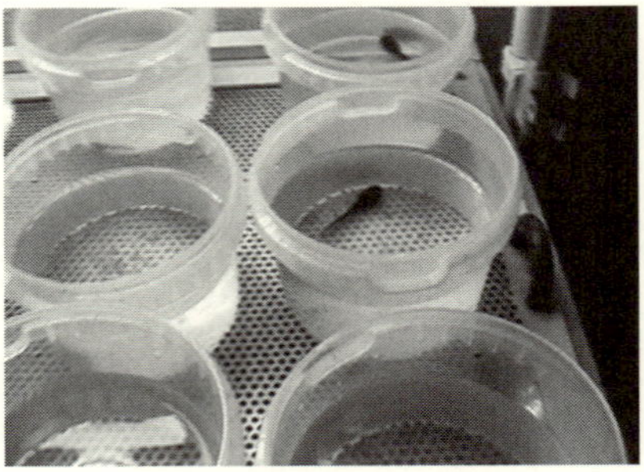

図4・27　両生類飼育繁殖容器

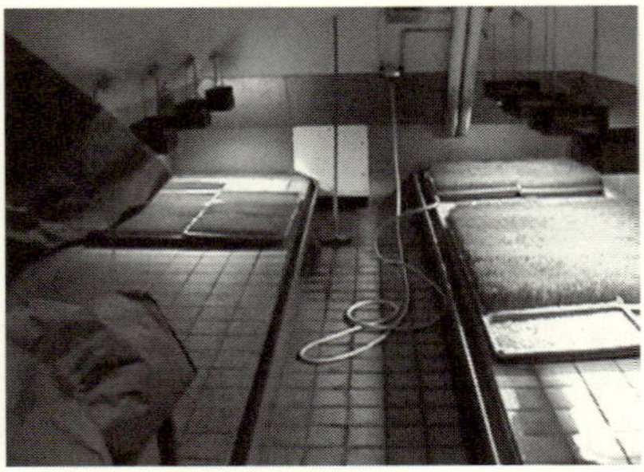

図4・28　昆虫餌料用植物育成室

図4・29　昆虫飼育容器群

供たちの人気を集めていた（図4・25）.

内陸部にあるこの水族館で使用する海水は，全てが人工海水である．しかしながら，水槽の中には，イシサンゴ類，ソフトコーラル，魚類やクラゲなどがよい状態で展示されている（図4・26）．また，水槽には，断続的に水流を起こして魚類のダイナミックな動きを見せるなどの工夫がされ，学ぶところが多い．大型の温室には，ワニ，カエル，トカゲなどの両生・爬虫類や昆虫類などの展示が充実しており，ここでも状態のよい姿を見せてくれる．ともかく，この水族館での展示生物は，他と比較して生き生きとしていることに驚かされる．また，バックヤードでは，ありとあらゆる生物の繁殖が試みられている．クモ，ヤスデ，ゴキブリ，ナナフシ，カエル（図4・27），クラゲ，そして餌料用植物（図4・28）など．限られたスペース内で，より多くの生物を飼育し，繁殖し，保存してゆくための様々な工夫がなされている（図4・29，4・30 カラー口絵）．

ベルリン水族館前館長であったランゲ博士はすでに退官され，現在はヨーロッパと日本の動物園水族館との懸け橋となるような活動をされている．最近の活動では，ベルリン水族館と日本のクラゲ水族館（鶴岡市加茂水族館）とのあいだで，クラゲおよびポリプの交換が行われた．

4・4　ジェノヴァ水族館（Acquario di Genova　イタリア）

イタリア半島の西側付根に位置するジェノヴァ水族館は，イタリアの著名な建築デザイナーであるレンツォ・ピアーノ（Renzo Piano）氏によってデザインされ，1992年に開館した．その建物の外観は，貨物船の貨物コンテナが連なったものになっている．陸上で建設される水族館が多い中で，この水族館は湾内に浮かぶ船状の構造物の中に水族館施設を組み込む工法を取っている点で興味深い．1998年には，水槽設備が組み込まれた100m長の施設船が曳航され，それまでの施設と連結して，拡張された．2013年にも98mの施設船が，同様に連結され拡張され，ヨーロッパで有数の規模と観客数をもつ水族館となっている（図4・31，4・32 カラー口絵）．

図4・31　ジェノヴァ水族館エントランス

4・5　世界の主要水族館

世界の代表的な水族館を以下に記した．但し，その他にも充実した水族館施設が多く存在することは，言うまでもない．

I. ヨーロッパ

- ナポリ水族館（Stazione zoologica Anton Dohrn Napoli　イタリア）
- モナコ海洋博物館（Musée océanographique de Monaco）
- ベルリン水族館（Zoo-Aquarium Berlin　ドイツ）
- ジェノヴァ水族館（Acquario di Genova　イタリア）
- バルセロナ水族館（L'aquarium Barcelona　スペイン）
- リスボン水族館（Oceanario de Lisboa　ポルトガル）
- プリマス国立海洋水族館（National Marine Aquarium Plymouth　イギリス）

II. アメリカ・カナダ

- モンテレー湾水族館（Monterey Bay Aquarium　カリフォルニア州）
- シェド水族館（John G. Shedd Aquarium　シカゴ）
- ニューイングランド水族館（New England Aquarium　ボストン）
- タコマ動物園水族館（Point Defiance Zoo & Aquarium　ワシントン州）
- テネシー水族館（Tennessee Aquarium　チャタヌーガ）
- ボルチモア水族館（National Aquarium in Baltimore　メリーランド州）
- エプコットセンター（Epcot Center　フロリダ）
- ジョージア水族館（Georgia Aquarium　アトランタ）
- カブリロ海洋水族館（Cabrillo Marine Aquarium　ロスアンジェルス）
- シアトル水族館（Seattle Aquarium　ワシントン州）
- バンクーバー水族館（Vancouver Aquarium　カナダ）
- ベラクルス水族館（Aquario de Veracruz　メキシコ）

III. アフリカ・オセアニア

- トゥオーシャンズ（Two Oceans Aquarium　南アフリカ）
- シドニー水族館（Sydney Aquarium　オーストラリア）
- アンダーウォータワールド（Underwater World　オーストラリアなど）

IV. 韓国・台湾・中東・中国

- 63シティー水族館（63City　韓国）
- コエックス水族館（Coex Aquarium　韓国）
- 台湾国立海洋生物博物館（National Museum of Marine Biology / Aquarium）
- 台湾花蓮海洋公園（Hualien Ocean Park）
- ドバイ水族館（Dubai Aquarium）
- 上海海洋水族館（Shanghai Ocean Aquarium）
- 上海長風海洋世界（Shanghai Ocean World）
- 香港海洋公園（Ocean Park Hong Kong）

中華人民共和国（中国）では他に，青島，大連，北京などにも水族館がある．

近年は，コエックス，ドバイ，上海などのようにショッピングモールに隣接して水族館を設置するケースやホテル内に巨大な水槽を設置するケースがしばしばみられるようになっている．

4・6　日本の水族館

日本では1882年に，「観魚室（うをのぞき）」が上野動物園内に開設され，国内初の水族館として公開された．それから130年後の2012年までに，日本にはどれくらいの数の水族館が造られてきたのであろうか？　鈴木・西，2010を参考に，ミツカン水の文化センター編集部がまとめた「水の文化44号 しびれる水族館」の記事によると，なんと315もの水族館が建造され，2012年現在，日本には104館が存在しているという（日本動物園水族館協会の2013年9月現在の水族館正会員数としては，63園館）．

カラー口絵の1～2ページに，ミツカン水の文化センター編集部のご好意で，2012年現在までに日本に造られた水族館のリストを掲載する．大変よくできた価値あるリストであると思う．2008年までの情報を調べられた鈴木克美・西源二郎先生の熱意とご努力に敬意を表するとともに，2009年以降の情報をまとめられ，今回，このリストの使用を快諾して戴いたミツカン水の文化センター編集部に厚く御礼申し上げる．

なお，このリストには，都道府県名と　**現在運営されている水族館数 / これまでに開館した水族館数**　が示されている．例えば，読者の出身県における水族館の，これまでの開館・閉館推移がひと目でわかるようになっている．過去に存在していた水族館施設を知ることができるとともに，現在親しんでいる施設の名前を確かめることができる．また，これからの水族館推移を調査する上で，貴重なデータとなると思う．さて今後，水族館はどのように推移してゆくのだろうか？*

謝辞

水族館リストマップの使用をご快諾いただいたミツカン水の文化センター編集部に重ねて御礼申し上げる。

（堀田拓史）

---

*1 筆者脚注

- 静岡県：伊豆アンディランドは2012年8月に閉館し，同年12月にiZoo（爬虫類館）として開館．
- 静岡県：2011年12月沼津港深海水族館が開館．
- 岐阜県：岐阜県世界淡水魚園水族館は，世界淡水魚園水族館に館名変更．

コラム２　水族館の展示技術（巨大化する展示水槽）

現代水族館の展示水槽はどんどんと大型化している．小さなグラス容器に小魚をいれて鑑賞して楽しむことから始まり，元々水を入れた容器や水槽を意味するアクアリウムは，今や巨大なジンベイザメが悠々と泳ぐ姿をみせる施設となった．現在，巨大水槽を有する代表的な水族館を以下に記す．

・ジョージア水族館（アメリカ合衆国　2005年　23,500m^3）
・ドバイ水族館（アラブ首長国連邦　2008年　10,000m^3）
・美ら海水族館（日本　2002年　7,500m^3）
・リスボン水族館（ポルトガル　1998年　6,000m^3）
・海遊館（日本　1990年　5,400m^3）
・横浜･八景島シーパラダイス（日本　1993年　1,500m^3）
参考：名古屋港水族館（日本　2001年　13,400m^3　野外水槽として）

水槽が大型化するとその水圧を支える大型アクリルパネル，機能的な濾過槽，ポンプ，熱交換器，配管材，オゾンや海水の電気分解などによる浄化システムなどが必要となるが，技術的には，水族館設備を支える日本の技術は，トップクラスといえる．とりわけ，日プラ株式会社（香川県木田郡三木町）の製造する大型アクリルパネルは品質のよいことで世界的に有名である．上記の水族館で，最も長いアクリルパネル（観覧窓）をもつのは，1位ドバイ水族館（32 m），2位美ら海水族館（22 m），ジョージア水族館は20 mである．このドバイ水族館と美ら海水族館のアクリルパネルを製造し納品したのが，日プラ株式会社なのである．その他にモンテレー湾水族館やモナコ海洋博物館などにもアクリルパネルを納品している．代表取締役の敷山哲洋さんは，中国の広東省南部にある珠海の水族館には，美ら海水族館の約２倍，40 mの長さのアクリルパネルを納品するという．水族館の展示水槽は，どこまで巨大化するのだろうか？

生きものを飼育するために重要なのは，その生物が生息する環境を再現してやることである．そのための設備と工夫があれば，必ず飼育はできるようになる．そして，水族館学芸員や職員に必要なのは，「飼えないものを飼えるようにしたい！」という思いと気概であるのだ．

（堀田拓史）

文　献

Edwards, C. L.（1910）：*The Popular Science Monthly*, 77, 209-225.

Jatta, G.（1896）：I Cefalopodi viventi nel Golfo di Napoli（sistematica）: monografia, Fauna und Flora des Golfes von Neapel und der angrenzenden Meeres-Abschnitte, 23. Tav. 3.

Jaubert, J. M.（2008）：Advances in Coral Husbandry in Public Aquariums. Public Aquarium Husbandry Series, vol. 2.（R. J. Leewis and M. Janse, eds.）, Burgers' Zoo, Arnhem, the Netherlands, pp. 115-126.

ミツカン水の文化センター編集部（2013）：水の文化，44，9-14.

鈴木克美・西源二郎（2010）：新版水族館学，東海大学出版会，517p.

第２部　水族館の主役たち

5章　無脊椎動物

6章　魚　類

7章　海獣類

8章　海鳥類

5章

無脊椎動物

5･1　日本の水族館における無脊椎動物

無脊椎動物は，動物界のうち脊椎動物を除いた動物の総称である．単系統群である脊椎動物とは異なり，多元的な群である（八杉ら，1996）．つまり，分類学的に意味を有する集団とはいえない（林，2006）．そのため，含まれる生物の範疇(はんちゅう)は多種多様になる．

鈴木・西（2010）は1999年日本の主な水族館（67園館）で飼育されている水族総種数5,057種のうち魚類種数の占める割合は54.4％であり，水族館の主役はあくまで魚類であって，水族館はやはり「魚族館」なのであるとしている．確かに，魚類は展示種数・点数ともに充実しており，色鮮やかな種も多く主役の生物である．ともすると，無脊椎動物は脇役なのかもしれない．日本動物園水族館協会の記録によると，無脊椎動物の飼育種数は1999年で1,954種（総種数の38.6％），2012年（65園館）では約2,100種と増加している．東海大学海洋科学博物館では魚類335種，無脊椎動物118種（2013年8月末時点）の飼育状況である．ともあれ，主役とまでいかないものの，その役割は大きい．脇役がいるから主役が引き立ち，脇役から主役も現れている．

5･2　無脊椎動物の展示

水族館の展示を目的別にみると形態学的や生態学的，行動学的，環境再現型，環境一体型，参加・体験型展示などがあげられる（長井，2006）．また，無脊椎動物は，タッチングプールなどの参加・体験型展示や実験会などの実演型展示などでも目にする機会が多い．

水族館の展示では標本（液浸，剥製(はくせい)，骨格など），レプリカ，映像なども用いるが，多くは生きた生物を水槽で見てもらう生体展示である．そのため，生物を飼育することは，最も重要な事柄になる．飼育条件（水質・水温・光条件・餌料など）は生物の生理・生態を理解しながら，設定しなくてはならない．特に無脊椎動物は動物群の範疇が広いため，種ごとに条件が大きく異なる．飼育条件が適しているかは，生物の状況を見ながら判断する必要がある．それらは，長期飼育のために不可欠な要素となる．

展示されている無脊椎動物は 2012 年日本動物園水族館協会の記録によると 17 動物門にわたっている．そのうち，刺胞（しほう）動物門（クラゲ類，サンゴ類，イソギンチャク類など），軟体動物門（巻貝類，イカ・タコ類，二枚貝類など），節足（せっそく）動物門（カニ類，エビ類，ヤドカリ類），棘皮（きょくひ）動物門（ヒトデ類，ウニ類，ナマコ類など）などは主たる展示生物の分類群になる．また体の大きさはタカアシガニやミズダコのように 1m を超える大型種もあるが，数 cm 程度の小型種も多く含まれる．このような多様な無脊椎動物は観覧者を考慮しながら，飼育・展示が行われている．

5･3　脇役から主役へ

日本の水族館では，無脊椎動物においてさまざまな飼育の取組みがなされている．東海大学海洋科学博物館（静岡市）ではボタンエビの育成と放流，串本海中公園センター（和歌山県東牟婁郡）はムラサキハナギンチャクの繁殖と放流，名古屋港水族館（名古屋市）は累代飼育されているナンキョクオキアミ，かごしま水族館（鹿児島市）は硫化水素を餌とするサツマハオリムシ，鳥羽水族館（鳥羽市）はオオムガイの仲間（オオムガイ・オオベソオオムガイ）の長期飼育と累代飼育，新江ノ島水族館（藤沢市）ではユノハナガニやゴエモンコシオリエビなどの深海生物．また，鳥羽水族館ではイセエビのフィロゾーマ幼生が見られる．イセエビの成体は古くから水族館で展示されているが，技術の進歩によりライフサイクルの大部分も展示できるようになった．

新たな無脊椎動物の飼育や展示の試みは，調べるときりがない．これらは各水族館職員における努力の結晶であることは言うまでもないが，最近では研究機関などとの連携も重要になってきている．次に，このような積み重ねから主役の座へと駆け上がったクラゲ類とサンゴ類を紹介しておく．

5・4　クラゲ類（ヒドロ虫綱，箱虫綱，鉢虫綱，有櫛動物門）

近年では一般の方に「癒される生物」として人気を集め，クラゲ類を主とした展示スペースを設ける園館が増えている．特に山形県の鶴岡市立加茂水族館や神奈川県の新江ノ島水族館は，クラゲ類の展示が充実している館としてよく知られる．

日本におけるクラゲ類の本格的な展示は，1967 年に東北大学付属浅虫水族館（閉館，青森市）の指導のもと上野動物園水族館の安部義孝（現ふくしま海洋科学館館長）がミズクラゲの生活環の技術を確立し，開始した（奥泉，2007）．その後，江の島水族館などが中心に飼育設備や技術の改善により，多種のクラゲ類展示が可能となってきた．2005 年日本動物園水族館協会のクラゲ類の飼育に関する調査では，加盟 68 園館中 58 園館で飼育経験があり，これまでの飼育種数は 173 種にまで及んでいる．また，ミズクラゲのように水族館内で生活環を確立するに至った種も多く見られる．

しかし，飼育技術が進歩してもクラゲ類は，他の生物と比べると非常に繊細である．飼育する上では水質や水流，餌料など，細部において気をつけなければならない．また，近年では直径が 1 m を超える大型種のエチゼンクラゲの飼育も試みられ，大きなクラゲが周年展示される日も遠くないかもしれない．

5・5　サンゴ類（花虫綱：八放サンゴ亜綱，六放サンゴ亜綱）

サンゴ類の飼育は難しく，数十年前では長期飼育に至らない種が多くあった．そんな中，日本では串本海中公園センター（和歌山県東牟婁郡）が，1971 年の開館当初より大型サンゴ水槽（100 m^3）を設置し，サンゴ類の飼育・研究に精力的に取り組んでいる．今原（2009）によると，八放サンゴ類の飼育は 1982 年当時では約 20 園館で 50 種類前後しかなかったが，近年では約 40 園館で延べ 120 種ほどが展示されるようになっている．これはサンゴ類の生態が徐々に明らかとなり，飼育技術も進歩したからだとしている．確かに飼育機材では泡沫分離装置（プロテイン・スキマー）や高照度照明機（メタルハライドランプなど），添加剤などが現れ，サンゴの飼育条件は向上してきた．2008 年日本動物園水族館協会におけるサンゴ類の飼育状況調査（50 園館）によると，ソフトコーラルやミドリイシの仲間などの飼育では，半数以上の園館で泡沫分離装置を用いていた．更に付着生物や多孔質の石内部で脱窒作用をおこなうライブロックなどと併用したナチュラルシステムも導入されている．サンゴ類の展示水槽は数 m^3 以下，または 20 m^3 以上が主となり，沖縄美ら海水族館（沖縄県国頭郡）の 300 m^3 や大分マリンパレス水族館「うみたまご」（大分市）の 100 m^3 といった大型水槽も見られるようになってきた．

サンゴは一般にもよく知られ，南の海に生息する綺麗な生物のイメージが強く，自然保護のシンボル的な側面もある．これらのことが飼育技術の進歩とともに，展示を拡大させた要因の 1 つであると考える．一方，展示生物としては固着性で動かないため，観覧者の反応が乏しい面もある．そのため，魚類や他の生物との複数種展示，解説板，拡大鏡の設置などの工夫がなされている．

5･6　展示の工夫

無脊椎動物の展示には，いくつかの課題がある．日置（1999）は，「生きていて動くものは，存在そのものが観覧者の興味を引きつけるのに容易である．それも体の大きさがより大きいほど，その魅力や受ける印象は増す傾向がある」としている．また，西（2000）は水族館の展示の魅力として「色彩を含めた形態」「水族の動作」「水そのものの魅力」の 3 要素をあげている．しかし，無脊椎動物の多くは，活動が緩慢もしくは固着・付着して動かない．更に色合いが地味で底生動物の割合も高く，体の大きさも比較的小さい種が多い．これらのことが脇役になってしまう根源である．けれども，どのような生物であっても，それぞれに魅力がある．そのため，より観覧者が興味をもつような展示の工夫が求められる．

東海大学海洋科学博物館では，岩をさぐる環境再現型展示で棘皮動物（ヒトデ類，ナマコ類）や節足動物（エビ・カニ類）などが展示されている（図 5・1 カラー口絵）．この展示は岩の下に隠れている生物を水槽底面からフレキシブルライトで探す，参加型の展示である．これまでの観覧型展示に比べると同種の生物であっても，観覧者の反応はよくなる．一方，展示の手法を工夫することは重要であるが，その構造は観覧者にわかりやすいシンプルなものが望ましい．同時に耐久性やメンテナンス性なども考慮しなくてはならない．

次に，ニシキテッポウエビとダテハゼの共生を見せる生態的展示では，テッポウエビの巣穴内も観察できる（図5・1）．巣穴は当館の野外調査によると砂礫中に深く・広く形成されている．当初はこれらを水槽内で再現するため，砂や礫を入れてガラス面に巣穴を掘るように工夫して展示を開始した．しかし，展示水槽では観覧者の反応にダテハゼが慌てて巣穴に戻り，穴を崩落させて死亡するケースが見られた．これらを防ぐため，全てを人工巣穴に切り替えることになった．人工巣穴は深さ約60 cm，総延長2 mになる．しかし，人工巣穴の製作は専門業者に依頼すると高額なものになり，生物が人工の巣穴を利用してくれる保証もない．悩んだ末，結局は自作することにした．製作は約650×600×50 mmの型枠内に紙粘土で巣穴を造形し，それを覆うようにモルタルを流しこんだ．紙粘土はモルタルの硬化後に外して，人工巣穴が完成．結果は思っていた以上によい巣穴ができあがった．ところが頑丈に作ったために重量が重く，これでは水槽を破損する危険性があり，さらにメンテナンス作業も難しい．しかたなく，FRP（繊維強化プラスチック）を主体に礫や砂利を入れながら，製作し直したところ，今度は片手で持てるくらいの軽量なものになった．また，礫などを混ぜたことで自然の雰囲気も出て，生物も問題なく巣穴に入ってくれた．完成まで長い道のりあったが，多様な作業は水族館の仕事の面白みである．

更に後日談もある．人工巣穴の形状や傾斜角度などは野外調査を参考にしたが，巣穴の径はわざと観察しやすいように本来より大きくした．ところが，展示が始まるとテッポウエビは人工巣穴に礫を運び入れ，適した径へと巣穴を改築してしまった．人の思い通りにはならないが，彼ら本来の行動は日々観察できる．その行動を観覧者は，熱心に観察している．しかし，自然での様子を再現したい部分も残されており，展示への工夫は終わらない．

5･7　小型種の展示

無脊椎動物で見られる小型種の展示は，東海大学海洋科学博物館では小・中型水槽での単独・複数展示やCCDカメラを用いたマイクロ・アクアリウムなどで行ってきた．また，数cm程度の生物については，3種類（容量約80～750 ml）の超小型水槽を考案して，種別展示を行っている（図5・2　カラー口絵）．この水槽では環形（かんけい）動物や節足動物など，間隙を好む生物を展示している．

超小型水槽は注水と排水ができ，海水が循環できようになっている．しかし，小さな水槽のため，少しのバルブ操作で海水が溢れでたり，反対に水量が少なすぎると水温の変動を起こしてしまう．更に，生物やゴミなどが排水口を詰まらす問題も発生した．これらを解決するため，適切な水量や排水口へのネット設置とその素材・形状を幾度となく試し，最良の条件を見つけ出した．このシステムの構築には少々苦慮させられたが，小ささを魅力とした単純な発想の展示は観覧者の目にとまりやすい．

同様に小型種の展示では，和歌山県立自然博物館（海南市）（図5・2）や京都大学フィールド科学教育研究センター・海域ステーション瀬戸臨海実験所水族館（和歌山県西牟婁郡），串本海中公園センター（和歌山県東牟婁郡）（図5・2）が，地先の生物を対象に形態学的や生態学的な展示を行っている．特に多種の無脊椎動物を展示している小型水槽群は，海洋生物の多様性を感じさせてくれる展示である．

5・8　未来に向けて

無脊椎動物の飼育・展示には，開発の余地が多分に残されている．一昔前，クラゲ類やサンゴ類が展示の主役になるとは，誰もが想像しなかった．無脊椎動物には，このような可能性が秘められている．これは変化する時代の要望に対応できる，多様な種が多彩な形態や生態などの情報を持ち合わせているからであろうと推測する．その反面，各種における飼育や展示の難しさもかかえている．更なる発展のためには，種の生態・展示の研究などの水族館現場における地道な活動と研究機関などの技術・知識との連携が必要になる．同時に種の保全を考えながら，繁殖研究による持続可能な展示を心がけるのも，水族館の使命である．

（野口文隆）

文　献

林　勇夫（2006）：水産無脊椎動物学入門，恒星社厚生閣，pp.1-3.

日置勝三（1999）：新版博物館学講座5 博物館資料論（加藤有次ら編），雄山閣出版，pp.202-212.

今原幸光（2009）：研究する水族館（猿渡敏郎，西　源二郎編），東海大学出版，pp.102-118.

長井健生（2006）：新・水族館ハンドブック 水族館編 第4集　展示・教育・研究・広報，日本動物園水族館協会，pp.12-15.

西 源二郎（2000）：新版博物館学講座4　博物館機能論（加藤有次ら編），雄山閣出版，pp.179-184.

奥泉和也（2007）：水族館の仕事（西　源二郎，猿渡敏郎編），東海大学出版，pp.126-142.

鈴木克美・西　源二郎（2010）：東海大学自然科学書－4　新版水族館学―水族館の発展に期待をこめて，東海大学出版，517 p.

八杉龍一ら（1996）：岩波生物学辞典 第4版，岩波書店，2027 p.

6章

魚　類

6・1　水族館の魚たち

1）やはり「魚」は主役

みなさんは水族館の主役は何だと思われるだろうか．その名前からして「水族」であることは間違いない．では「水族」とは何だろう．その意味を調べてみると，「水中に生息する生物」と書かれている．大海原を泳ぐイルカやクジラの仲間，ふわふわと漂うクラゲたち，あるいは色とりどりの造礁サンゴ．これらは全て「水族」である．しかし，私たちの頭のなかに一番に思い浮かぶ生物は違うのではないだろうか．それは，変幻自在に形を変えるイワシの大群，くねくねと愛らしいカクレクマノミ，あるいは悠々と泳ぐ巨大なジンベエザメ………つまり「魚」だ．

日本人は昔から魚に慣れ親しんだ民族である．魚屋に行けばたくさんの鮮魚が並べられ，さらに，活魚水槽にはおいしそうなマダイやマアジが泳ぐ．まるで小さな水族館だ．また，誰もが幼少の頃に海や川で魚を追いかけたり，魚釣りに夢中になった経験があるだろう．そのような文化や体験から「魚」への強い親近感をもつ私たちが，「水族館へ行く＝魚を見に行く」と考えるのは自然なことで，やはり日本人にとって水族館の主役は「魚」なのだ．

魚類は，世界で27,977種（Nelson，2006），日本でも4,180種（中坊，2013）が知られているが，水族館ではいったいどれくらい飼育されているのだろうか．

日本動物園水族館協会の調査によると，2012年に日本の水族館65館にて飼育された魚類（ヌタウナギ綱，頭甲綱，軟骨魚綱，肉鰭（にくき）綱，条鰭（じょうき）綱）の種数は約2,850種になる．2003年には67館で2,790種とされており（鈴木・西，2010），今後も採集・飼育技術の進歩や飼育設備の性能向上などにより，水族館での飼育魚種数が増加することは間違いないだろう．

2）東海大学海洋科学博物館における魚類

東海大学海洋科学博物館（静岡市）（以下, 当館とする）は1970年の開館以来, 今年で43年を迎えた老舗水族館である．その長い歴史の中で，さまざまな魚類を収集・飼育してきた．当時，飼育が困難とされたマグロ類やマイワシの群れ, あるいは深海魚など，どれも試行錯誤の末に飼育ができるようになった魚たちばかりだ．また，これまでの魚類収集・飼育から得られた副産物がいろいろとあるが，特筆すべきは水槽内での魚類の「繁殖行動」である．当館では開館以来, 海水魚の繁殖・育成の研究に取組んできた．その結果，2012年までに61種の魚類を未成魚または成魚期まで育てることができた．そのなかでもスズメダイ科のクマノミ類については，特に力を入れてきたため，最も多くの種を育成することができた.

6･2 水族館の人気者「クマノミ」

1）クマノミとは

スズメダイ科クマノミ亜科（クマノミ属*Amphiprion*とプレムナス属*Premnas*）に属する魚をクマノミ類とよび, 昔からよく知られている魚類である. 長年スズメダイ科魚類を研究しているジェラルド・R・アレンにより，世界で2属28種と整理されていたが，近年，彼により新たに*A. barberi*と*A. pacificus*が発表され（Allen *et al*., 2008; Allen *et al*., 2010），現在は2属30種となっている．しかし，このなかにはシノニム（同物異名）や交雑種が含まれる可能性もあり，将来的に種が減るかもしれない．一方，日本では温帯適応種のクマノミをはじめ，サンゴ礁域を中心にカクレクマノミ，ハマクマノミ，トウアカクマノミ，ハナビラクマノミ，セジロクマノミの計6種が生息している．余談だが，私は東海大学沖縄地域研究センターの目の前に広がる西表島網取湾で，この全6種を一度に見たことがある．これだけのクマノミ類を見ることができる海は世界でも少なく，大変貴重な経験であった.

2）水族館のクマノミたち

クマノミ類はいわゆるサンゴ礁魚類である．体色鮮やかで見た目に美しい種が多いため，多くの水族館で飼育され，私が訪れたイタリア，フランス，あるいは中国などの海外の水族館でも必ずクマノミ類が飼育展示されていた.

日本動物園水族館協会の飼育動物一覧によると，2012 年に日本の動物園水族館で飼育されたスズメダイ科魚類は約 100 種．そのなかでもカクレクマノミは，55 園館で飼育された．これは飼育魚類の中でもトップで，大衆魚のマアジ（52 園館）やマダイ（50 園館）よりも多い．つまり，日本の動物園水族館で一番の人気魚ということだ．また，カクレクマノミといえば，アニメ映画の主人公になり一躍有名になった魚である．映画の影響は未だに大きく，水族館でカクレクマノミを見れば，誰もがそのキャラクターの名前を口にする．しかし分類学者から「舞台となる場所にカクレクマノミは生息せず，キャラクターは近似種クラウンアネモネフィッシュである」との指摘があり，今は後者に落ち着いている．

3）クマノミとイソギンチャク

クマノミ類とイソギンチャクとの共生関係は有名である．クマノミ類は毒をもつイソギンチャクとともに生活することで外敵から身を守ることができる．これだけでは，クマノミ類にしかメリットがない「片利共生」に見えるが，実は違う．クマノミ類はなわばりや卵を守るために共生するイソギンチャクに近づく魚を追い払う行動をとる．その中にはイソギンチャクを食べる魚もいるため，この行動はイソギンチャクを守ることにもなる．そのおかげでイソギンチャクは外敵を気にすることなく，触手を広げることができるのだが，このことがイソギンチャクの体内に共生する褐虫藻に影響を与えるといわれる．クマノミ類と共生するイソギンチャクは，褐虫藻が光合成を行うことでつくられる生産物を栄養源として利用するが，触手を大きく広げることにより光合成が促され，その結果イソギンチャクへの栄養源が増えるのだ．つまり直接的ではないかもしれないが，クマノミ類とイソギンチャクの共生関係は双方にメリットがある「相利共生」だと考えられている．また，自然下のクマノミ類には，イソギンチャクへの選択性があるといわれる．つまり，種によって共生するイソギンチャクが異なる．しかし，これまで私が飼育したクマノミ類は，選択するといわれるイソギンチャク以外のイソギンチャクとも良好な共生関係をもった．確かに，ある程度の好き嫌いはあるが，飼育下では「○○クマノミは△△イソギンチャクだけに共生する」といった強い選択性はない．さらに，クマノミ類の飼育についてはイソギンチャクがいなくても可能である．

4) クマノミを飼う

現在，飼育器材の性能向上や価格低下から，海水魚を含む観賞魚飼育がより身近なものになり，クマノミ類を飼育するホームアクアリストが急増している．

一般にクマノミ類は丈夫な魚だといわれるが，一方では，搬入直後に死んでしまう個体も多く，特に東南アジアなどからの輸入個体に見られる．これは長時間移動によるストレスや病気の発症などが原因だと考えられるが，対策としては，飼育環境への十分な馴致と魚病薬による薬浴がある．もちろん，搬入経路はさまざまなため一概にはいえないが，これを怠ると長期飼育できない場合が多い．しかし，そのような問題を解決できれば，非常に丈夫な魚である．それを象徴するカクレクマノミのペアが，当館のバックヤードで飼育されている．そのペアは，少なく見込んでも飼育開始から24年が経っており，数年前まで産卵も観察されていたが，残念なことに正確な搬入記録がない．

5) クマノミの繁殖・育成

当館におけるクマノミ類の繁殖・育成は，1976年のクマノミに始まり，2011年までに日本産6種と外国産9種，計15種の繁殖・育成に成功した．

クマノミ類の繁殖は大きな雌と小さな雄のペアで行われるため，よいペアを入手することが重要である．そのためには，ペアの採集か購入，あるいは複数の生体からペアリングさせることが必要となる．前者はすでに雄・雌が決まっているわけなので，よい環境で飼育すれば産卵する可能性は高い．しかし，後者はそう簡単ではない．闘争性が強いスズメダイ科の魚のクマノミ類では，組合せが悪ければ産卵はおろか，最悪の場合，雄が殺されることもある．しかし，雄となる個体の入替や複数個体の同時収容でペアリングは可能である．うまくペア形成されれば最大の課題はクリアされ，多くの場合，数カ月以内に産卵が見られる．しかし，まれに全く産卵しないペアも見られる．

クマノミ類の繁殖行動は，「産卵床の掃除行動」→「放卵・放精行動」→「卵保護行動」の順に行われる．卵は繭形をした付着卵で，飼育下ではレイアウトの岩の表面や水槽壁面に産み付けられる．当館の観察記録では，卵の最小はスパインチークアネモネフィッシュ（長径1.86～1.98 mm），最大はワイドバンドアネモネフィッシュ（長径2.64～2.76 mm），孵化仔魚（ふかしぎょ）の最小はハナビラクマノミ（全長3.20～3.70 mm），最大がワイドバンドアネモネフィッシュ（全長4.40～5.12 mm）であった．また，孵化までの所要日数もハナビラクマノミとスパインチークアネモネフィッシュの6日からクマノミの12日までと幅がある．

孵化仔魚は正の走行性が強いため，ハンドライトなどの光に仔魚を集め，ホースやカップで水ごと別容器に移して育成を開始する．餌料は，DHA強化したシオミズツボワムシやアルテミア孵化幼生を孵化直後から与え，冷凍コペポーダを併用することもある．その後は，成長に応じて人工餌料や魚介肉のミンチなどを与える．

海水魚のなかでもクマノミ類の繁殖・育成は比較的容易である．水族館での魚類繁殖の入門魚といったところだ．クマノミ類を安定的に繁殖･育成できれば，その基本技術が身につくといってもよいかもしれない．

6）クマノミの展示

当館では，2007年に「くまのみ水族館」を開設した（図6・1）．クマノミ類全30種中18種をイソギンチャクとともに展示し，両者の共生関係を見ることができる生態的展示を中心としている．飼育はペア，あるいはペアと未成魚のグループを基本にし，水槽内のレイアウトも生息場所を再現して，自然に近い様子を観覧者が目の当たりにできる展示を心がけた．これはクマノミ類が産卵し易い飼育環境にも繋がり，現在では多くの種が産卵を繰返している．つまり，いつでもクマノミ類の卵やそれを保護する親魚を見ることができるのである（図6・2　カラー口絵）．また，仔魚はバックヤードにて育成し，その様子も常時観

図6･1　東海大学海洋科学博物館の「くまのみ水族館」

覧できる．さらに，育成した個体は随時展示に追加されている．いつの日か全展示魚を育成個体で構成できる日が来るかもしれない．そのために，日々，繁殖・育成に取組んでいる．

（山田一幸）

文 献

Allen, G. R. *et al.*（2008）：*Int. J. Ichthyol.*, 14, 105-114.

Allen, G. R. *et al.*（2010）：*Int. J. Ichthyol.*, 16, 129-138.

中坊徹次（編著）（2013）：日本産魚類検索 全種の同定 第3版，東海大学出版会，2428 p.

鈴木克美・西 源二郎（2010）：東海大学自然科学書4 新版水族館学 水族館の発展に期待をこめて，東海大学出版，517 p.

Nelson, J. S.（2006）：Fishes of the world, 4th edition. John Wiley & Sons, 601 p.

7章

海獣類

「海獣」という言葉を国語辞典で調べると，「海にすむほ乳動物の総称．クジラ・イルカ・アザラシ・オットセイなど」と引くことができる．海生哺乳類，海洋哺乳類ともよばれ，一生もしくは，一生のほとんどを海の中で暮らし，海で捕食している哺乳動物のことであるが，カワイルカの仲間やバイカルアザラシなど淡水に生息する哺乳類も含まれる．また，陸上で生活しているが，移動や採餌のために海を利用するホッキョクグマを含む場合もある．いずれにせよ，「海獣」もしくは「海獣類」とは分類学的や系統学的なグループではなく，水族館で飼育・展示している哺乳類を一言で表現する用語である．

近年，水族館においては展示手法の多様化が進み，単に水の中を見せるのではなく，陸上を含めた水に関わる環境を再現した展示手法を取り入れる施設も多くなっている．そういった展示の中ではカワウソやカピパラなど水辺で暮らす陸生哺乳類を飼育・展示しており，水族館で飼育している哺乳類を「海獣」と一言で表現できなくなっている．本章では，鯨類，鰭脚（ききゃく）類，海牛（かいぎゅう）類およびラッコについて解説する．

7・1　鯨　類

1）分　類

水族館で最も人気のある海獣といえばイルカであろう．水族館で行なわれるイルカショーには老若男女を問わず多くの観覧者が訪れ，イルカとスキンシップを図るプログラムにも連日多くの人が参加している．そんなイルカとともに仕事をするトレーナーに憧れる若者も多く，水族館のイルカトレーナーになるのは大変狭き門となっている．イルカは，水族館のショーで華麗なパフォーマンスを披露し，また，プールサイドや水槽のアクリルガラス越しに愛くるしい表情を見せてくれる人気者とのイメージが強い．

一方，子供にクジラの絵を描かせると，決まって水平線上に大きな丸い頭と小さな尾，頭からは噴水のように潮を噴き上がっている絵が出来上がる．子供に限らず大人でも，クジラは頭が大きくいつも潮を吹いているイメージをもっている．

一般の人にとって，イルカとクジラは全く別の生きものと思われているが，イルカ・クジラ類（鯨類）はクジラ目に属する種の総称で，口腔内にクジラヒゲとよばれる餌生物を濾しとるための器官を有するヒゲクジラ亜目と口腔内に犬歯状の歯を有するハクジラ亜目の2つのグループに分けられる．

「イルカ」と「クジラ」の違いは，ハクジラ亜目に属する種類のうち，体長が4〜5m以下の種類を「イルカ」，それよりも大きくなる種類とヒゲクジラ亜目に属する種類を便宜的にクジラとよんでいるにすぎない．

ヒゲクジラ亜目は4科14種からなり，地球上最大の哺乳類であるシロナガスクジラや1月から3月にかけて沖縄や小笠原諸島近海に回遊してくるザトウクジラなどが含まれる．

ハクジラ亜目は，水族館で最も多く見ることができるバンドウイルカや体長15mを超えるマッコウクジラ，シャチ，スナメリといった体型や大きさのバリエーションに富んだ10科71種からなっている．

2）形　態

体形は流線型で，体毛はほとんどない（新生児の吻部（ふんぶ）やヒゲクジラ類の吻部や鼻孔周辺には感覚毛が残っているものがある）．雄の生殖器や雌の乳頭も体表に埋没しているため体表に突起物はなく，水中での抵抗がきわめて少ない．海生哺乳類の中で最も水中での生活に適応したグループである．

前肢はパドル状の鰭（ひれ）に発達し，遊泳時の舵の役割を果たしている．腰部の筋肉内に骨盤骨の痕跡骨があるものの後肢はなく，体の後端に結合組織が発達した尾鰭（おびれ）があり，上下に動かし推進力を得ている．

水中での体温維持，エネルギーの貯蔵，浮力の保持のために，皮下には脂皮とよばれる厚い脂肪層が発達している．（図7・1　カラー口絵）

3）感　覚

水中での生活に特化した鯨類は，形態だけでなく感覚器においても水中への適応を見ることができる．

水中には多くの懸濁物質が存在して光が散乱・吸収されるため，陸上と比べると光の到達する距離ははるかに短い．水中で視覚がきく距離は条件のよい環境でも数十 m である．そのような光の乏しい環境で，わずかな光を利用するため，鯨類の眼球にはタペタムとよばれる光を増幅する仕組みが発達している．網膜を通過した光はタペタムで反射され，再び網膜を通過し再利用されることにより増幅される．タペタムは夜行性の陸上動物にも発達している．

水中での音の伝播速度は陸上の 4 倍，伝播距離は 1 万倍とされており，水中環境で利用するには最適である．鯨類はさまざまな鳴音を発し水中での生活に利用している．

ヒゲクジラ類の発する低周波数（シロナガスクジラやナガスクジラは 20 Hz）の鳴音は伝播距離が長く，低緯度海域から高緯度海域へ季節的な大回遊を行う種が，遠距離での情報交換に利用していると考えられている．

ハクジラ類の発する鳴音は「クリックス」「バーストパルス」とよばれるパルス音と「ホイッスル」とよばれる連続音に分けることができる．クリックスは数ミリ秒間隔の超音波で，自ら発した音の反射音を聴くことにより物体の距離や大きさ，材質などを認識する「エコーロケーション」に用いられる．バーストパルスとホイッスルは個体間のコミュニケーションに使われている．

4）食　性

ハクジラ類は，魚類や頭足類（とうそくるい）（イカ類）を捕食しているが，種類により主食としている餌生物が違い，その特徴は歯の形状にも現れている．小型の魚類を

図7·2　ハクジラ類3種の歯
カマイルカ（左上）
オキゴンドウ（右上）
ハナゴンドウ（左下）

主食としているバンドウイルカやカマイルカの歯は，円錐形の細かい歯を上下の顎（あご）に多数（80〜240本）有している．シャチやオキゴンドウは，大型の魚類を引きちぎって食べるのに適した丈夫で太く大きな歯が特徴である．シャチに至っては他の鯨類や鰭脚（ききゃく）類も捕食することが知られている．ハナゴンドウのようなイカを主に捕食する種類の歯は，顎の先端に小さな歯が数本から十数本程度であるが，餌を吸い込んで摂餌（せつじ）する（吸引摂餌）ために舌骨（ぜっこつ）やその周りの筋肉が発達している（図7・2）．

5）水族館での鯨類飼育

日本における水族館の歴史は1882年（明治15年）に東京上野動物園の付属水族館で「観魚室（うをのぞき）」から始まったが，鯨類の飼育は1930年（昭和5年）に静岡県の中之島水族館（現　伊豆・三津シーパラダイス，沼津市）でバンドウイルカが飼育されたのが，日本で初めての飼育例である．

日本で初めてバンドウイルカが飼育されてから80年以上経過した現在，公益財団法人日本動物園水族館協会に加盟する水族館は63施設あり，その中で鯨類を飼育している施設は36にも及ぶ（2012年末時点）．飼育している種で最も多いのはバンドウイルカで，鯨類を飼育している施設の86%が同種を飼育している．飼育数も突出しており，日本の水族館において最もポピュラーな種であるといえる．次に多いのはカマイルカで，58％の施設が飼育している．また，飼育している施設は多くはないものの，オキゴンドウ，ハナゴンドウ，シロイルカ，スナメリなども飼育・展示されている．シャチ，イロワケイルカを飼育・展示している施設はともに2施設と少ない．さらに，いくつかの施設では，座礁や迷入，混獲された個体を保護収容したネズミイルカ，シワハイルカ，ハセイルカなどを飼育・展示している．

現在，水族館で飼育・展示されている種は，ハクジラ亜目に属する小型の種に限られている［飼育展示されている最大種のシャチ（体長7 m）でさえ，ハクジラ亜目の中では中型である］．ヒゲクジラ亜目に属する種の飼育展示に関しては，伊豆・三津シーパラダイスなどでミンククジラを飼育した記録があるが，長期の飼育・展示には至っていない．

7･2　鰭脚類

1）分類・形態

鰭脚類は食肉目に属し，アザラシ科（10属18種），アシカ科（7属16種），セイウチ科（1属1種）の3科に分かれている．明治の頃まで日本海に生息していたニホンアシカはすでに絶滅したとみられている．

鰭脚類の体は凹凸のない滑らかな紡錘形で，水の抵抗を減らした水中での活動に適した体型をしている．体の凹凸を減らすため，雄のペニスや雌の乳頭も体表に埋没している．鰭状に発達した前後肢を使い，巧みに泳ぐことができる．水中での体温保持とエネルギー貯蓄のため，体全体の皮下に脂肪層が発達している．生活の多くの時間を水中ですごしているが，鯨類や海牛（かいぎゅう）類ほど水中生活に特化しておらず，陸上での活動も可能で，出産･育児は陸上や氷上でおこなう．

2）感　覚

鰭脚類の視覚や聴覚はよく発達しており，水中での採餌（さいじ）は視覚に頼っている．水族館でおこなわれる鰭脚類のショーでは，トレーナーが出すハンドサインの小さな違いも見分けることができる．また，カリフォルニアアシカやオタリアでは，10 m以上離れた場所から投げられた輪やボールを器用にキャッチすることができる．

聴覚については，育児中の親子はしきりに鳴き交わしお互いを確認し，大きな繁殖集団の中から自分の子供を識別している．また,繁殖期の雄は,テリトリーを守るため大きな声で鳴き，自らの存在を鼓舞している．

水族館でのセイウチは，トレーナーの音声によるボイスサインを10種目以上識別し，パフォーマンスを行っている．また，老化による白内障で視力を失ったトドでは，ボイスサインでコントロールし，受信動作による健康管理のための検査が行われている．

鰭脚類は感覚器官としてのヒゲも発達している．このヒゲは毛嚢(もうのう)に多数の知覚神経が分布している洞毛(どうもう)で，入り組んでいる岩礁域を泳いだり，餌を捕えるのに役立っている．セイウチの雌には450本以上のヒゲが生えており，水族館でも水槽の底でヒゲを使って餌を探す行動が観察できる．

水族館でのアシカのショーでは，鼻先に器用にボールを乗せてバランスをとるシーンを見ることができる．これは，ヒゲが感覚器官として発達していることと，首が柔軟に動くからこそできる特技である．

3) アザラシ

アザラシ科の仲間は体が最も小さいワモンアザラシ（体重50 kg）から最も大きいミナミゾウアザラシ（体重3,700 kg）まで,外観や体形の変化に富んでいる．南半球に分布するグループと北半球に分布するグループに分かれている．日本の水族館で見ることができるのは，北半球に分布するグループのみである．

前後肢の指の間にミズカキが発達しているが，後肢の鰭を左右交互に振ることにより推進力を得ている．前肢は，ゆっくり泳ぐ時には使うこともあるが，主に舵やブレーキの役割として使っている．

前肢は短く体を支えることができず後肢も体の前に回らないため，陸上では歩くことができず，腹ばいでイモムシがはうようにして移動する．

耳には耳介がなく，孔があいているだけである（図7・3　カラー口絵）．

4) アシカ

アシカ科の仲間は，世界中に広く分布しているが，高緯度地域には生息していない．外観や体形の変化は少ないが，オットセイの仲間とアシカの仲間に分けられる．オットセイの仲間は比較的小型の種が多く，吻先(ふんさき)が尖っているのが特徴で，アシカの仲間はトドやオタリアなどやや大型の種を含む．オタリアはアシカよりも吻先が丸く頭が大きいので，両者を見分けることができる（図7・4　カラー口絵）.

日本の水族館においては，カリフォルニアアシカ，オタリア，トド，ミナミアメリカオットセイなどが飼育展示されている.

遊泳方法は左右の前肢の鰭を大きく開き，同時に両脇に挟むようにして水をかき推進力を得ている．より多くの水を捉えられるように，指先から結合組織が伸びだし鰭の長さと面積が増大している．後肢の主な役割は舵としての機能であるが，ゆっくり泳ぐ時や水面で姿勢を保つときなどにも使われる.

後肢は体の前後どちらにも向き，大きな前肢で体を支えることができるので，陸上を歩くことができる．素早く移動するときは小さく跳ねるように走ることもできる．耳には耳介があり，アザラシと見分ける際のポイントでもある（図7・3　カラー口絵）.

5）セイウチ

セイウチは1種のみで，北極海を中心にベーリング海や大西洋の北部に分布している．雌雄とも上顎の犬歯が巨大化した牙を有している．日本の水族館では9施設で飼育展示されている（2012年末時点）.

アシカ科の仲間と同様に前肢は指先から結合組織が伸びだし鰭の長さと面積が増大しており，前肢で体を支えることができる．後肢も体の前後どちらにも向くので，陸上を歩くことができる．しかし，体重が重いのでアシカ科の仲間のように素早く歩くことはできない.

遊泳の方法はアザラシ科とアシカ科両者の中間で，主に後肢の鰭を使い推進するが，前肢の鰭も使っている．耳に耳介はない（図7・3　カラー口絵）.

6）食　性

鰭脚類のほとんどは，魚類，頭足類（イカ・タコ）など捕まえやすいものを選り好みせず食べている．しかし水族館で飼育されているゴマフアザラシやカリフォルニアアシカでは餌の嗜好性が強く，同種の餌でもロットが変わっただけで摂餌しなくなる個体も見受けられる.

セイウチは発達した感覚毛で海底を探り，砂や泥に潜っている二枚貝を掘り起こして摂餌している．水族館では，主にタラやサケのフィレやサバの三枚おろしなどの魚類を与えているが，ホタテガイの貝柱なども与えている.

7･3　海牛類

1）分　類

海牛目はジュゴン科とマナティ科に分かれており，ジュゴン科はジョゴン1種，マナティ科はアメリカマナティ，アフリカマナティ，アマゾンマナティの3種が知られている．鯨類同様水中生活に適応し，採餌から出産・子育てといった繁殖行為まですべて水中で行う．

2）分　布

温暖な地域の沿岸域や汽水域に生息するが，アマゾンマナティは淡水域にも生息している．ジュゴンの生息分布の北限は沖縄とされており，沖縄近海にも生息している．海牛類を飼育展示している施設は少なく，鳥羽水族館（鳥羽市；ジュゴン，アフリカマナティ），沖縄美ら海水族館（沖縄県国頭郡；アメリカマナティ），熱川バナナワニ園（静岡県賀茂郡；アマゾンマナティ）の3施設だけである．

3）形　態

体型は流線型で，前肢は鰭状に発達し後肢は退化している．両者では尾鰭の形状に違いがあり，ジュゴンは鯨類に似た三日月型，マナティは団扇（うちわ）やしゃもじに似た型をしている（図7・5）

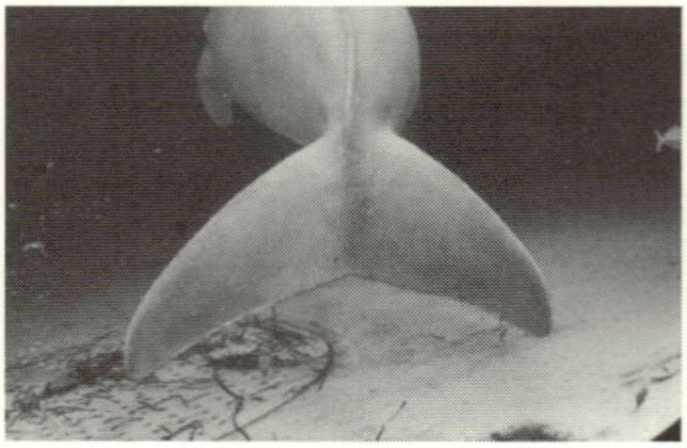

ジュゴンの尾鰭
（写真提供：鳥羽水族館）

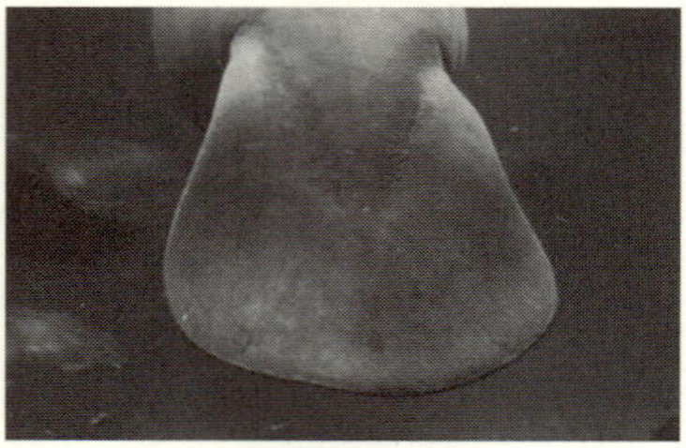

アフリカマナティの尾鰭
（写真提供：鳥羽水族館）

図7･5　ジュゴン・マナティの違い

4) 食　性

海牛類の食性は，海獣類の中で唯一草食性である．ジュゴンは浅海の砂泥底に繁茂するアマモなどの顕花(けんか)植物を捕食し，マナティは水面や水辺近くに繁茂する植物や海藻類も捕食する．飼育下のマナティはキャベツ，レタス，白菜，チンゲンサイなど多くの種類の餌料を摂餌するが，ジュゴンは嗜好性が強く与えているのはアマモ科の植物である．

7·4　ラッコ

1) 分類・分布

ラッコはイタチ科カワウソ亜科に属する動物で，カワウソ亜科の中で最も水生に適応した種である. 北太平洋の千島列島からカムチャッカ半島, アリューシャン列島からカナダ西海岸，さらにカリフォルニア沿岸の 3 地域に生息している．3 地域のラッコは体長，頭部などが異なる 3 亜種（カリフォルニアラッコ，アラスカラッコ，チシマラッコ）が知られている．かつては日本でも千島列島や襟裳岬の沿岸に生息していたが，毛皮を目的にした乱獲で生息数が激減した．近年では千島列島から来遊し北海道沿岸や東北沖にも時折目撃されることがあり，生息数が回復してきていると推測される．

日本の水族館では，1982 年に伊豆・三津シーパラダイスで初めて飼育され，1984 年に鳥羽水族館で初めて繁殖に成功し，ラッコの子供が展示されると，一躍水族館の人気展示動物となり，水族館でのラッコブームが巻き起こった．多くの水族館で飼育・展示されるようになり，1994 年には 28 施設で 100 頭以上のラッコが飼育されていた．大ブームから 20 余年が経過した現在，ラッコの飼育頭数はピーク時の 4 分の 1 にまで減少している．

2) 形　態

体長 1.2～1.5m，体重 15～45 kg でイタチ科最大の種である．性的二型が発達し，雌に比べ雄の方が大きくなる．

水中での活動に適応し，鰭状に変化した後肢と平たく扁平した尾を使い，効率的に泳ぐことができ，水深 20 m ぐらいまで普通に潜り餌を探す．反面陸上では四足で歩くことはできるが，鈍重である．前肢は貝やウニを掴むことができるなど運動性が発達している．（図 7・6）

図7･6　アラスカラッコ

多くの海生哺乳類は，水中で体温を維持するため皮下に厚い脂肪を蓄えているが，ラッコの皮下脂肪は少ない．保温効果の高い毛により体温を維持している．ラッコの毛は1つの毛穴から1本の皮膚を守る硬い毛（ガードヘアー）と70本の綿毛（アンダーファー）が生えており，1 cm^2 当たり10万本以上の密度がある．この密度は，哺乳類の中で最も多いとされている．ラッコは毛をなめる，毛や皮膚をもむ，毛の間に息を引き込むなどのグルーミングを頻繁に行い，アンダーファーの毛と毛の間に空気を溜めて，空気を断熱層と防水層にして体温の低下を防いでいる．

3）食　性

ラッコは貝類やウニ，甲殻類，魚類などを海中で捕え，水面に運んで摂餌する．貝などは，水面に仰向けに浮き，胸の上に抱いた石に打ちつけて殻を割って摂餌する．飼育下ではスルメイカやタラ，ウチムラサキガイなどを与えているが，水族館で飼育されている個体の多くはガラスや壁に打ちつけて貝を割っている．

ラッコは水中で体温を維持するために，多くのカロリーを摂取する必要があり，成獣では一日に体重の20％程度の餌を摂餌（せつじ）する．　（奥津健司）

8章

海鳥類

8・1　海鳥とは

海鳥とは，海洋に依存し生活をする鳥類の総称である．一時的に海で生活するものを除いたペンギン目（ペンギン科），ミズナギドリ目（ミズナギドリ科，ウミツバメ科，アホウドリ科，モグリウミツバメ科），ペリカン目（ペリカン科，ネッタイチョウ科，カツオドリ科，ウ科，ヘビウ科，グンカンドリ科），チドリ目（トウゾクカモメ科，カモメ科，ハサミアジサシ科，ウミスズメ科，ヒレアシシギ科，サヤハシチドリ科）の4目17科で約280種が含まれる．

現在，これらの中でもペンギン類やウミガラス類は水中を泳ぐことができ，姿形や色彩が美しいことから人気があり，多くの水族館や動物園で飼育されている（図8・1）．ペンギン科は南半球に分布し，完全に飛翔能力を失っているのに対し，ウミスズメ科は北半球に分布し，飛翔能力を保持している．

図8・1　フンボルトペンギン（新江ノ島水族館）

1）ウミスズメ類

国内で飼育されているウミスズメ科は，ウミガラス属，ツノメドリ属，エトピリカ属である．これら海鳥の特徴と展示飼育について述べる．

ウミスズメ類は，①自然界での状態を見ることが困難な鳥として話題性があり，国内では希少となりつつある種（国内絶滅危惧種）が多い．②南半球に生息するペンギン類の対比として，北半球の寒い地域に生息している．③水中を泳ぎ，その泳ぎ方が展示水槽内で魚類と対比できる．④鳥そのものの体が大き過ぎず室内での飼育や繁殖環境を整備しやすい．これらの特徴を踏まえた上で，その動物をより効果的に展示するためには生態的展示が必要不可欠となる．海鳥類の健康管理や繁殖行動のためには水温や室温，日照時間を季節ごとに変化させることも重要であり（Gunther, 1994），また水質や湿度管理も同様である．

ウミスズメ類の展示施設には，生態展示にするため岩場，崖を配置し，プールの側面をアクリルガラスにして観覧通路側から水中を泳ぐ様子を見られるようにしたタイプが多い．壁面は強化コンクリート製の擬岩で被うこと，いずれの種も脚の病気である「し瘤症」になりやすいため，床面は脚が傷つき難い材質ポリビニール系の塗装仕上げ（Gunther, 1994）などにする工夫が必要である．また，ウミガラス属では岩棚に集まって過ごす習性があり，繁殖行動のためにもある程度の岩棚は確保する必要がある．個体同士の小競り合いも多く，また多くの時間を岩棚で過ごすため，糞尿などの水はけにも工夫が必要となる．さらに，ツノメドリ属やエトピリカ属は繁殖行動のために巣穴（トンネル状の巣箱）が必要であるが，巣穴が観覧通路側から中が見えない構造にすることで親鳥の利用効率が高まる．

2）ペンギン類

ペンギン類は南極から赤道直下まで分布しているが，南極大陸とその周辺の温帯域に分布するものでは，水槽構造の高度化を始め水温や気温，光に工夫を加えるなどの飼育施設を構築する上で配慮が必要である．生息環境が異なる種は国内の施設で展示飼育する上で生息環境の問題から温帯域に生息する種と区別する必要がある．現在，ペンギン類は，6属18種に分類されている．

極地ペンギンは1947年から1950年代ころ捕鯨船により国内に持ち込まれた．当時は飼育環境の再現により一部の種を除いては短命であった（福田，1997）．1990年以降に新設された大型の施設では，ペンギン類の繁殖に成功するようになってきた．分類学的には極地ペンギンという分類群は存在しないが，通常，水族館や動物園では南極海や亜南極に生息するオウサマペンギン属やジェンツーペンギン属を極地ペンギン，それ以外の地域に生息するペンギンを非極地ペンギンと呼ぶことが多い．

極地ペンギンは，①種によって異なるが，集団で行動する傾向が強く，展示飼育する際は1種当たり3ペア以上で飼育することが望まれる．②数種の極地ペンギンの混合飼育では，各々の種の生息場所や生理的な違いなどを考慮しなければならない．③ジェンツーペンギン属の3種(ジェンツーペンギン，アデリーペンギン，ヒゲペンギン）は自然界においても同じ集団営巣地（ルッカリー）で繁殖するため，混合飼育による展示は自然界での生態を再現することにもなる．営巣場所の選択性などにも違いが認められるため展示施設の形状や陸地を工夫することで繁殖期における自然界での縄張りなどの様子を再現できる．ジェンツーペンギンは海岸近くの平地や物陰，アデリーペンギンは高地の開けた場所，ヒゲペンギンは傾斜のきつい場所に営巣する傾向がある．また，この特性を活かして観覧通路側から見やすい位置に営巣させることも可能となる．

非極地ペンギンのうち，国内で主に飼育されているフンボルトペンギン属，コガタペンギン属，マカロニペンギン属のペンギン類について述べる．国内では現在約100カ所の水族館・動物園で約3,000羽のペンギンが飼育されている．このうち極地付近に生息するペンギン類は約20％程度で，多くは極地から離れた寒帯から温帯域に生息するペンギン類で占められている．国内に生きたペンギンが渡来したのは1915年（大正4年）である（福田，1997）．第2次世界大戦前後からペンギン専用飼育舎を氷山に似せた展示施設が造られ始めた（福田・小出，1999）．最近，飼育施設を新設する場合などは生態的展示とすることが主流となっている．生態的展示は，ペンギン類と生息環境を観覧者に少しでも正しく理解してもらうために必要不可欠である．ペンギン類は群れ生活を行う代表的な鳥類の1つであり，ほとんどの種が岩場のある海岸に棲むため，展示施設では低い岩山を配置して前面にプールを造るのが一般的である．観覧通路側の多くの部分をプールで仕切ることでペンギンたちの泳ぐ姿を間近で見られるような展示が主流である．マカロニペンギン属は急坂な高い場所に登るが，フンボルトペンギン属はあまり登らない．普通，擬岩を造り，壁面を岩に似せた塗装をしたり，自然石を用いて景観をより本物に近づける工夫がされている．コガタペンギン属の生態的展示としては，浜辺から続く植物が混じる海岸を再現する．また，この属は人から離れた場所を好むため，観覧通路側から死角となる部分が必要とされる．

また，ペンギン類の繁殖行動などを促す意味でも巣穴や営巣場所を確保する必要がある（図8・2）．フンボルトペンギン属やコガタペンギン属は巣穴を利用するため，擬岩と組み合わせて巣穴を設置する場合が多い．コガタペンギン属では，入口から巣穴まで続くトンネル状の部分がある方が繁殖に結びつきやすい．マカロニペンギン属は，特定の場所に集合して数十 cm 程度の間隔で床面に巣を造る．また，少し小高く平たい場所を好む傾向もあるため，初めからそのような場所を配置することで集合場所を想定した展示飼育が可能となる．

図8･2　巣箱

新江ノ島水族館のフンボルトペンギンの餌は，イワシ類やサンマ，シシャモなどを1日2回（午前・午後），季節（繁殖期前後）により与える量を変えている．

8･2　ペンギン類の飼育展示法

ペンギン類を展示するときに重視する項目としては，①水中展示，②陸上展示，③温度条件，④展示面積，⑤照明，⑥音響設備，⑦ガラス面の管理などがある．

①**水中展示**：ペンギン類は鳥類の中でも水中生活に適応した鳥類であるため，泳ぐための十分に広いプールが必要である．展示飼育効果を高めるためにも水中での様子を見やすい構造にすることが重要である．

②**陸上展示**：ペンギンは様々な環境に適応した種を含み，体型や嘴（くちばし），羽毛の生えている範囲などの外部形態にも現れており，陸上部分の擬岩や擬氷を使用した展示がほぼ通常化してきているが，それぞれ展示する種の特徴を活かした造形にする必要がある．

③**温度条件**：基本的に日本の気候では1年中屋外飼育するには難しい種もいるため室内で温度・湿度をコントロールできる展示施設が望まれる．

④**展示面積**：群れで飼育するためにある程度の展示面積が必要となる．

⑤**照明**：照明が必要な場所は，当然室内展示である．照明と併用して天井から天然光を取り入れることができるトップライトという方法もよい．また，水中照明を使用することでより展示を効果的なものにできる可能性がある．

⑥**音響設備**：ペンギン類は頻繁に鳴き声を上げてディスプレイを行うため，

図8・3　翼基部に装着した個体識別用インシュロック（矢印）

観覧者側にもダイレクトにペンギン類の音声を伝えることでよりライブ感を味わってもらえるよう音響設備を設置することが望まれる．

⑦**ガラス面の管理**：展示舎内と観覧通路側では季節によりガラス面の温度差により結露することや展示舎内がガラスに対して半水位となっている施設では，ガラス面に付着した水滴や塩水などが乾いてできた結晶で視界が妨げられるなどに対しての方策を考慮する必要がある．

飼育中は各個体の健康などを管理する必要から，翼基部にインシュロックを装着して個体識別を行っている（図8・3）．ペンギンは，体を揺らしながら歩く姿に愛嬌があるが，一旦水中に入ると高速で泳ぎ，多くの入場者に驚きと感動を与えてくれる．また，個体ごとに性格が異なり，飼育者としては日常的に新しい発見がある．皆さんも水族館で個体ごとにペンギンを観察されてはいかがであろうか．

（倉形邦弘）

文　献

福田道雄（1997）：日本におけるペンギンの飼育史試論．動物園研究，2，30-47.

福田道雄，小出美紀（1999）：戦前の阪神パークにおけるケープペンギン飼育が及ぼした影響．博物館研究，34，16-19.

Fukuda M.（1998）：Relationship of rearing population size and breeding size for Humboldt Penguins kept at Japanese institutions. JAZGA/SSPJ Plenary Reports. In CBSG 1998 Annuual Meeting Briefing Book, 31-32, CBSG.

Gunther M. R.（1994）：Alcids in North American zoos and aquaria. *International Zoo Yearbook*, 33, 136-141.

第 3 部　水族館の生物学

9 章　海の生態系
10 章　無脊椎動物のしくみと生態
11 章　魚類の形態と生態
12 章　魚類のしくみ
13 章　魚類の行動
14 章　海獣・鳥類のしくみ
15 章　飼育下の海獣類における認知研究
—「賢さ」を調べる
16 章　ウナギの生態と保全
17 章　海洋生物の毒
18 章　深海生物の不思議

9章

海の生態系

海には多種多様な生物種が生息し，生物個体・個体群同士が生息空間と食物の獲得のため競争関係にあり，直接的あるいは間接的に関わり合って生存している．また，生物群集は，それらをとりまく非生物的環境（光，水温，塩分，栄養塩など）に適応・依存した生活を余儀なくされる．ある特定の海域に生息している生物群集とそれらをとりまく環境の総体を生態系（Ecosystem）という．この章では，水柱環境（漂泳区）の生態系，特に食物連鎖構造と機能について述べる．なお，海の生態系や食物連鎖については，小暮（2006），大森・Thorne-Miller（2006），谷口（2008）などの成書も参照されたい．

9・1　海洋生物の生態学的分類

海洋生物を生活様式に基づいて分類すると，プランクトン（浮遊生物），ネクトン（遊泳生物），ベントス（底生生物）などに大別される．このうち，プランクトンは，移動力が全くないか，あっても非常に弱く，海水に浮遊して生活している生物で，珪藻（けいそう）や渦鞭毛藻（うずべんもうそう）などの単細胞藻類，カイアシ類やオキアミ類など甲殻類，ヤムシ，オタマボヤ，クラゲ類などが含まれる．ネクトンは，水柱環境に生息し，十分な遊泳力のある生物で，魚類，頭足（とうそく）類（イカ），哺乳類（イルカ，クジラ），爬虫（はちゅう）類（ウミガメ，ウミヘビ），鳥類（ペンギン）などが含まれる．ベントスは，海底の表面，砂泥・堆積物中，岩など硬い基底に付着・固着して生息する生物で，海藻，貝類，多毛類（ゴカイ），棘皮（きょくひ）動物（ウニ，ヒトデ），甲殻類などが含まれる．

沿岸域の生物のうち，クラゲ類は幼生の一時期がベントスで，その後がプランクトン，多くの魚類（ネクトン）やベントスは卵・幼生期がプランクトンというように成長段階に応じて生活様式を変化させる生物も多い．

9·2　海洋生物の機能・役割

海洋植物は一次生産者であり，太陽光と海水中のCO_2や無機化合物（栄養塩：窒素，リン，ケイ素）を取り込んで有機物を光合成する独立栄養生物である．これには浮遊性の微細な単細胞藻類である植物プランクトン，コンブやワカメなど多細胞で大型の海藻，海草（アマモなど）が含まれる．また，サンゴ，タコクラゲ，イソギンチャク，シャコガイなどに共生する褐虫藻（かっちゅうそう）（渦鞭毛藻類），ホヤに共生する原核緑色植物なども含まれる．

全ての動物は，従属栄養生物とよばれる消費者であり，自ら栄養物を合成できないので，他生物を摂食することでエネルギーを得て生存する．バクテリア（微生物の一種）は，あらゆる海水中に生存し，遺骸や糞などの生物由来の有機物を分解して無機化合物（栄養塩）に転換し，植物が光合成に再利用できる状態にする分解者としての役割を担っている．

9·3　食物連鎖の構造

太陽光が届き植物が光合成できる上層を有光層といい，それ以深を無光層という．有光層は，最も清澄な外洋で120〜200 m に達するが，沿岸域ではせいぜい数十 m 程度である．海洋の平均水深3,800 m のうち，ほんの上層にのみ植物は生存できる．海洋植物のうち，海藻はごく沿岸の浅い海底にのみ生存が制限される．一方，植物プランクトンは，沿岸から沖合・外洋域に至る全海域の上層に生存する．全海洋での植物プランクトンの総生物量は陸上植物のわずか0.2％であるが，その年間純一次生産量は炭素量で約500億トンと見積もられ（Field *et al*., 1998），それは陸上植物の値と同等である．

植物プランクトンは，小型で細胞の体積当たりの表面積を大きくし沈降を遅らせて上層に留まり，海水中の栄養塩を効率よく細胞内に取り込んで増殖する．植物プランクトンは，まさに海の環境に適応した生物である．大抵の魚類は，植物プランクトンが小さすぎて直接摂食できない．そのため，植物プラントンを動物プランクトンが摂食し，動物プランクトンを小魚が捕食し，それをさらに大型魚などが捕食する経路を経る．漂泳区でのプランクトンからネクトンに至るサイズ画分，栄養性とエネルギーフローの概略を図式化すると図9・1のよう

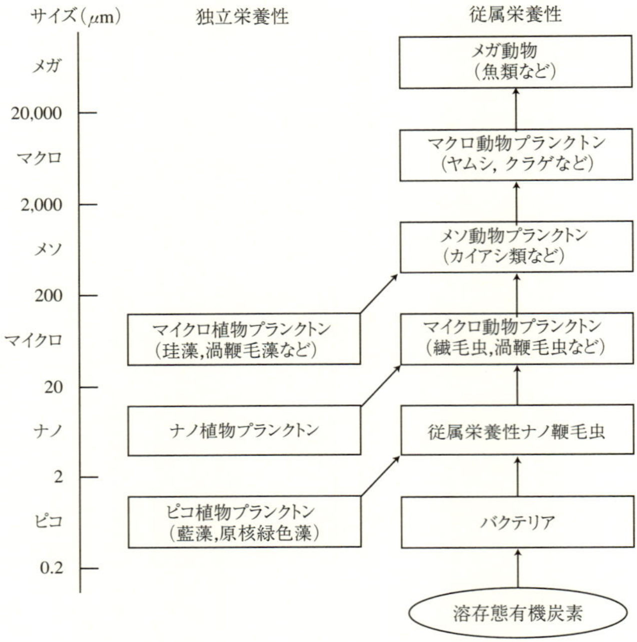

図 9・1　漂泳区でのプランクトンからネクトンに至る各生物群のサイズ画分，栄養性とエネルギーフローの概略図．矢印はエネルギーの流れを示す．

になる．海ではサイズ画分により互いに隣接しあう生物群集同士間で「捕食－被捕食」の関係が成立し，通常は栄養段階が 1 段階上がるごとに捕食者のサイズが 1 桁（10 ～数十倍）大きくなる．

中高緯度海域では，冬季に表層水が冷やされ密度が増大し重くなって沈み込み，下層水と入れ替わる鉛直混合によって下層から上層へ栄養塩が供給される．春季に上層が栄養塩・光制限のない好条件になると，大型の植物プランクトン（珪藻（けいそう））が増殖速度を急激に増大させ，一時的に爆発的な大増殖（春季ブルーム）をする．この植物プランクトンは，植食性メソ動物プランクトンに摂食され，それを雑食・肉食性動物プランクトンやプランクトン食性魚類が捕食し，さらに高次な栄養段階へ転送される．このような経路を古典的な採食食物連鎖（Grazing food chain）という（Ryther, 1969）．

低緯度海域や夏季の中高緯度海域では，上層水が温められ下層水との温度差

（勾配）が大きい水温躍層が形成され，それが障壁となって下層から上層への栄養塩の供給が遮断される．上層水の栄養塩は，植物プランクトンに利用し尽され，著しく低濃度（貧栄養）に陥る．このような環境下では，低栄養塩濃度による増殖の律速を受けにくい小型の植物プランクトン（藍藻（らんそう），ナノ植物プランクトン）が有利に増殖するが，たとえ増殖できてもその現存量は低い．一方，死んだ植物細胞や動物の死骸・糞粒などの懸濁態有機物はバクテリアによって分解される．バクテリアは，またさまざまな生物から排出される溶存態有機炭素を同化し増殖する．そのため，バクテリアはいかなる環境下でも変動が小さいので，貧栄養な環境下ではその生物量が植物プランクトンに対して相対的に大きくなる．バクテリアや小型の植物プランクトンは，原生動物（従属栄養性ナノ渦鞭毛虫，マイクロ動物プランクトン）に摂食され，それをメソ動物プランクトンが捕食し，さらに高次な栄養段階へ転送される．このような経路を微生物食物網（腐食連鎖）（Microbial food web）という（Azam *et al.*, 1983）．採食食物連鎖と微生物食物網は，いかなる海域でも共存している．

9･4　海域ごとの特徴的な生態系

1）沿岸域

沿岸域では，淡水と海水が混合し汽水環境が形成され，河川水や潮汐の影響により塩分が大きく変化する．海の生物は，塩分の変化に対して細胞の容積を変化させて浸透圧を調整するが，動物細胞は浸透圧調整を行う原形質膜の弾性がそれほど大きくないので，急激な塩分の変化が起こると耐えきれずに細胞が破裂して死に至る．すなわち，沿岸域は，急激な塩分の変化によって生物の生存が困難になりうる環境である．しかし，実際には，さまざまな生物がそのような環境に適応し，生物の生産速度は他海域と比較して高い．沿岸域は，生活史の全てを完結する生物の生産の場であるばかりでなく，再生産から幼稚仔のある一時期を過ごし，成長した後は沖合域あるいは淡水域で生息する両側回遊性生物の産卵育成場（ナーサリーサイト）でもある．

陸域からの過剰な栄養塩の供給により沿岸域が富栄養化すると，植物プランクトンが増え，多くの場合珪藻が優占する．海水中の窒素・リン濃度が上昇し，ケイ素濃度が低下すると，珪藻よりも非珪藻（渦鞭毛藻類，ラフィド藻など）の藻類の増殖が次第に有利になり，珪藻から非珪藻へ長期的なシフトという生態系の基盤の変化が起こる．非珪藻には有害赤潮ブルーム（HAB：Harmful Algal Bloom）を形成する種類もいて，それらが産生する毒により摂取した魚介類が生理障害を起こして死に至るか，あるいは摂取した魚介類には直接影響を及ぼさないが，食物連鎖を介して毒化された魚介類を摂取した哺乳類を中毒させる毒（麻痺性・下痢性貝毒，シガテラ毒など）を産生する．

沿岸域の富栄養化や埋め立て・護岸化の進行に伴いクラゲ類が世界各地で増加している．これまでに東京湾や相模湾，瀬戸内海などではミズクラゲ，アカクラゲ，カブトクラゲなど，また東アジア縁海域（渤海，黄海，東シナ海，日本海）では大型のエチゼンクラゲの大量発生が近年頻繁に起こっている．食物連鎖を経て魚類やさらに高次の大型捕食者へ転送されるエネルギーが，魚類ではなく餌生物の動物プランクトンをめぐって競合関係にあるクラゲ類へ転送され，それ以降さらに高次の生物へは転送されないという生態系の食物連鎖構造と生物生産機能の変化をもたらす（Jelly food chain）（Sommer *et al.*, 2002）．

2）サンゴ礁

熱帯・亜熱帯の浅海域には，刺胞動物の造礁サンゴによって造られたサンゴ礁が広がる．サンゴ礁域は貧栄養海域であるが，サンゴの体内に共生する褐虫藻による一次生産速度（平均約 2,500 gC m^{-2} yr^{-1}）は海で最も高い．サンゴは褐虫藻から得たエネルギーの約半分を粘液（糖タンパク質など）として体外に放出する．粘液は直接動物プランクトン（カイアシ類,アミ類など）に摂食され，また粘液に付着する有機物を利用するバクテリアは微生物食物網を経て動物プランクトンに捕食され（Nakajima *et al.*, 2013），いずれにせよ動物プランクトンはさまざまな魚類やベントス（サンゴ，ソフトコーラル，スナグンチャクなど）に捕食される．サンゴ礁の総面積は約 60 万 km^2 で海全体の表面のわずか 0.2％にすぎないが，全海洋生物（微生物を除く）約 25 万種のうち 9 万種を超える生物が確認されており，生物多様性がきわめて高い生態系である（Tittensor *et al.*, 2010）．

サンゴは，海水温上昇などの環境ストレスを感じると体組織内から褐虫藻を追い出してしまい，サンゴの白い骨格が透けて白化し，栄養分が得られずに死滅する．サンゴが死滅すると,そこに生息している生物群集も生息できなくなり,その生態系全体が失われてしまう．

3）マングローブ河口域

熱帯・亜熱帯河口域の汽水環境にはマングローブが生育する．マングローブは，海水と土壌から水分と栄養物を吸収するため高い生産速度（350～500 gC m^{-2} yr^{-1}）をもち，その大半は利用されずに水・泥中に残る．つまり，マングローブから出る多量の落葉，樹皮，種子，根（マングローブリター）は腐食し，バクテリアに分解され微細なデトライタスとして海水中に懸濁する．

マングローブは，その複雑に張り巡らされた根によって保持される泥が無脊椎動物のすみ場となり，また魚や甲殻類が外敵から身を守るのに格好の隠れ場にもなっている．マングローブ河口域では，さまざまな魚類，甲殻類や貝類などの生物量が高く，それらの成長速度は他海域と比べて著しく速い．

ブラジル連邦共和国サンパウロ州南端のカナネイア河口域（総水域面積110 km^2，総流域面積1,340 km^2）は，そのほとんどが厚いマングローブ林で覆われ，年間総マングローブリター生産量が約2万5千トンと推定される（Schaeffer-Novelli *et al*., 1990）．カナネイア河口域では，マングローブリター由来の有機デトライタス，ならびに周辺の大西洋に面した沿岸域に比べて非常に高い植物プランクトンの現存量と一次生産速度（Tundisi *et al*., 1978），さらに世界の他海域と比べて高い動物プランクトン（カイアシ類）の生産速度（Ara, 2004）によって魚類や甲殻類（エビ，カニ，ドロガニなど）の高い生産量（漁獲量）が維持されている．

4）沿岸湧昇域

太平洋や大西洋の東側の低緯度では，大陸縁辺から沖合へ向かって定常的に東風（貿易風）が卓越するので沿岸の表層水が沖合（西側）に運ばれ，それを補うように深層水が湧き上がる湧昇が起こる．沿岸湧昇域は，海全体の面積のわずか0.1％にすぎないが，深層から豊富な栄養塩が上層へ供給されるので，高い一次生産速度（年間生産量150～500 gC m^{-2} yr^{-1}，場所により＞ 2,000 gC m^{-2} yr^{-1}）が維持される．この高い植物プランクトンの生産は，動物プランクトンから魚類，あるいは直接魚類（カタクチイワシのような濾過摂食者）へ短く単純な採食食物連鎖を経て効率的に転送され，結果的に高い魚類生産をもたらし，好漁場を形成する．ペルー沖の湧昇域では，約2～7年の周期で東風が弱まることで湧昇が弱まるエル・ニーニョが起こると，深層からの栄養塩の供給が減少するため一次生産速度が低下し，結果的に漁獲量が落ち込むだけではく，海水温が例年より高くなる影響で南アメリカ大陸や太平洋の西側を中心に世界各地で異常気象が起こる（日本海洋学会，2001）.

5）外洋域の漂泳区

漂泳区は海全体の容積の90％以上を占め，プランクトンとネクトンの世界が広がる．漂泳区の生物群集は，サイズ，成長速度，世代時間（寿命），摂食様式などさまざまな点で多様性に富む．また，食物連鎖の構造も海域によって異なる．低緯度の高水温域（熱帯海域）では，各生物の生物量は低いが生物の種類数がとても多く，捕食－被捕食の関係が複雑であるため，ある生物が何らかの原因で激減することがあっても食物連鎖は崩れにくい．一方，高緯度の低水温海域（例えば南極海域）では，各生物の生物量は高いが生物の種類数が少なく，捕食－被捕食の関係が短く単純であるため，ある生物が激減すると食物連鎖全体が崩れやすい．

全海洋水の97％を占める水深100 m以深は，永遠の闇の世界（無光層）が広がっている．無光層では光合成による有機物生産が行われないが，有光層から植物プランクトンの死んだ細胞，動物の糞粒・死骸・脱皮殻など生物由来の有機物とその分解物であるデトライタスが沈降粒子（マリンスノー）として海底に向かって降っていく．沈降粒子は，中・深層に生息する生物に直接あるいは微生物食物網（腐食連鎖）を経て利用される．

カイアシ類やオキアミ類などさまざまな動物プランクトンやハダカイワシ科の魚類などは，1日を周期として数十，数百あるいは1,000 mくらいの長距離を通過して上昇・下降遊泳を繰り返している．また，カイアシの数種は，生活史を通じて数カ月から1年をかけ，成長段階の進行に応じて生息深度を変化させることが知られている．主に沈降粒子や動物の鉛直移動による物質の鉛直輸送過程を「生物ポンプ」といい，中・深層に生息する生物のエネルギー源となっている（小暮，2006；谷口，2008）.

6）南極域：高栄養塩―低クロロフィル（HNLC）海域

南極海では，鉛直混合により深層から豊富な栄養塩が定常的に供給され，それを利用して夏季の一時期に植物プランクトンが増え，それをカイアシ類やナンキョクオキアミなどの動物プランクトンが摂食する．その際，ナンキョクオキアミは巨大な群れをつくるので，それをシロナガスクジラやザトウクジラなどのヒゲクジラが長距離を移動して集団でやって来て濾過捕食する.

植物プランクトンは，光制限のない表層で海水中の栄養塩がなくなるまで増殖する．しかし，南極海では，夏季の一時期以外，栄養塩が残っているにもかかわらず，植物プランクトンが増えない「高栄養塩—低クロロフィル（HNLC：High Nutrient（Nitrate）Low Chlorophyll）」が続く．このような現象は東部北太平洋や赤道域でも同様にみられ長年の謎であった．近年の研究により，これらの海域は，陸地から遠く離れ河川水や大気中の塵からの鉄の供給が著しく低く，植物プランクトンにとって必須微量元素である鉄が枯渇状態だったことが明らかにされた（Martin *et al.*, 1989）．そのような海域に鉄を散布することで実際に植物プランクトンの増殖が促されることが証明された（日本海洋学会，2001；小暮，2006）.

7）外洋域の深海底：もう1つの生態系

この章では，これまで太陽光をエネルギー源とする光合成生態系について述べてきた．これには表層から深層に生息する全ての生物群集が含まれる．海底でクジラの死骸に群がる鯨骨生物群集も同様である．ところが，深海底にはこれとは全く異なる生態系が存在する．深海底は，暗闇，水温が極端に低く，ものすごく高い水圧，そして餌がなく，生物が生存するにはきわめて厳しい極限の環境である．しかし，深海底の熱水噴出孔や湧水孔の周辺には，噴出するメタンや硫化水素をエネルギー源とする化学合成バクテリアを体内に共生させ，それがつくりだす有機物を利用する多様な生物群集が生息する．これを化学合成生態系という．詳しくは本書第3部18章　深海生物の不思議を参照されたい.

（荒　功一・広海十朗）

文　献

Ara, K.（2004）：*Zool. Stud.*, 43, 179-186.

Azam, F. *et al.*（1983）：*Mar. Ecol. Prog. Ser.*, 10, 257-263.

Field, C. B. *et al.*（1998）：*Science*, 281, 237-240.

小暮一啓（編）（2006）：海洋生物の連鎖—生命は海でどう連鎖しているか．東海大学出版会，340 p.

Martin, J. H. *et al.*（1989）：*Deep-Sea Res.*, I 36, 649-680.

Nakajima, R. *et al.*（2013）：*Mar. Ecol. Prog. Ser.*, 490, 11-22.

日本海洋学会（編）（2001）海と環境—海が変わると地球が変わる．講談社，241 p.

大森　信・Thorne-Miller, B.（2006）：海の生物多様性．築地書館，230 p.

Ryther, J. H.（1969）：*Science*, 166, 72-76.

Schaeffer-Novelli, Y. *et al.*（1990）：*Estuaries*, 13, 193-203.

Sommer, U. *et al.*（2002）：*Hydrobiologia*, 484, 11-20.
谷口　旭（監）（2008）：海洋プランクトン生態学．成山堂，334 p.
Tittensor, D. P. *et al.*（2010）：*Nature*, 466, 1098-1101.
Tundisi, J. *et al.*（1978）：*Rev. Brasil. Biol.*, 38, 301-320.

10章

無脊椎動物のしくみと生態

10･1　無脊椎動物とは

無脊椎動物は脊椎（背骨）をもたない動物をまとめたグループ，つまり，脊椎動物以外の動物とするのが一般の人には最もわかりやすい説明である．実際には，脊椎のない動物のほとんどは，多細胞生物の動物（後生動物）であるが，これに単細胞生物の生物（原生生物）を加えるかどうか，また現在の分類体系では無脊椎動物と脊椎動物が分類群の規模として同等ではないといった問題がある．例えば，原生動物には星砂（ほしずな）をつくる有孔虫や，夜の海で光る夜光虫，サンゴに共生する褐虫藻（かっちゅうそう）などが含まれている．遺伝子解析を用いた生物の分類が盛んな近年，生物の分類体系は日々変化し，分類群の名前も時代とともに変わっている．正しくは，無脊椎動物という分類群はないかもしれないが，一般の人が直感的に生物を分類，イメージする上で，無脊椎動物という表現は非常に便利な言葉であり，すぐにはなくせない言葉である．

水族館で目にする生物に限定した簡潔な分類を表10・1にまとめた．DNA解析を用いた生物の分類が盛んに行われるようになった現在，研究が進むとともに分類群の名前も変わるようになった．そのため，ここでは水族館でみられる生物の通称名を使用し，どのような生物同士が仲間なのかをわかりやすく示すために簡易的な分類表とした．

脊椎動物は脊索（せきさく）動物門の中の1亜門であるため，脊椎動物と比較して無脊椎動物とされる生物に含まれる分類群が多いことがわかるだろうか．水族館の主役である魚類や鯨類，海獣類は多種多様な形態と生態で私たちを魅了するが，す

表10・1　水族館で見られる動物の簡易的分類

<table>
<tr><th>生物名</th><th>動物門</th><th colspan="2">発生様式</th></tr>
<tr><td>カイメン</td><td>海綿動物</td><td colspan="2">無胚葉</td></tr>
<tr><td>イソギンチャク
サンゴ
クラゲ（ミズクラゲ）</td><td>刺胞動物</td><td colspan="2" rowspan="2">二胚葉</td></tr>
<tr><td>クラゲ（ウリクラゲ）</td><td>有櫛動物</td></tr>
<tr><td>ヒラムシ</td><td>扁形動物</td><td rowspan="7">三胚葉</td><td rowspan="5">旧口動物
（前口動物）</td></tr>
<tr><td>ゴカイ</td><td>環形動物</td></tr>
<tr><td>タコ，イカ
ウミウシ，アメフラシ
貝類，クリオネ
オウムガイ</td><td>軟体動物</td></tr>
<tr><td>カニ，エビ，ヤドカリ
グソクムシ
ウミホタル</td><td>節足動物</td></tr>
<tr><td>ヒトデ
ウニ
ナマコ</td><td>棘皮動物</td><td rowspan="2">新口動物
（後口動物）</td></tr>
<tr><td>ホヤ
脊椎動物
（魚類，鯨類，海獣類）</td><td>脊索動物</td></tr>
</table>

べて脊索動物というたった1つの分類群にまとめられてしまうのである．

無脊椎動物には脊椎動物に比べてより多くの分類群が含まれ，形も生態も著しく異なる生物が数多くいる．形や生態がまるでエイリアンのような生物もいて，私達の生き物や生命への強い興味を刺激してやまない．構造の単純な生物は生命現象の解明に，原始的な生物は生物の起源や進化の研究にと，無脊椎動物にはさまざまな研究分野の研究材料としての価値もある．

そして，そんな魅力的な生物の多くが，水族館で展示飼育されているのである．もしかすると，目の前で無脊椎動物の不思議な生態を目撃できるかもしれない．

10・2　無脊椎動物の仲間たち

1）海綿動物―カイメン

水族館でのカイメンは水槽の主役に隠れて，静かに背景に溶け込んでいる．私たちの生活で最も身近なカイメンは「スポンジ」である．私たちが台所で使っているスポンジは主にポリウレタンでできているが，もともとは多孔質でやわらかい，カイメンの死んだ組織をスポンジとして利用していた．体を洗うスポンジとして現在でも天然スポンジが店頭でみられることがある．

カイメンの生物的な特徴は，その体のつくりの単純さにある．形態には相称性が見られず，器官や発達した組織，神経系がない．襟細胞（えりさいぼう）という原生生物の襟鞭毛虫（えりべんもうちゅう）に似た細胞をもつ．襟細胞は，鞭毛（べんもう）の動きで体内に水流を起こし，酸素の取り込みや懸濁有機物の捕捉，老廃物の排出，精子や卵の形成に関わるなど数多くの機能がある．カイメンは基本的には濾過食者で水中の懸濁有機物を餌としている．カイメンは通常，有性生殖を行い環境条件が悪化したときなどに出芽による無性生殖を行う（林，2006；本川，2009）．

2）刺胞（しほう）動物―クラゲ・イソギンチャク・サンゴ

近年，水族館におけるクラゲの展示が増え，水族館ではわき役になりがちな無脊椎動物の中で，クラゲは主役級の人気を博している．また，イソギンチャクは魚のカクレクマノミとの共生を再現した展示で人気である．クマノミ水槽以外では，イソギンチャクはサンゴやカイメンとともに水槽のわき役となっていることが多い．サンゴは，水槽の背景を豊かにするとともに，サンゴの白化やサンゴの移植，サンゴ礁の保全といった環境問題への関心から目を引いている．「サンゴ礁の海」というテーマの水槽が水族館ではよく見られる．

水槽の中をゆったりと泳ぐクラゲと，岩に付着して泳がないイソギンチャク，固い岩のようなサンゴ，これらが仲間であるとは不思議な気がする（図 10・1）．まず 1 つの共通点は「刺胞」をもつことである．刺胞の形や機能はさまざまだが，私たちが経験する刺胞の一例は，海水浴で「クラゲに刺される」ことである．刺胞動物の形態は単純ではあるが，放射相称性で組織，筋細胞，神経細胞があり，海綿動物にない運動性をもっている．刺胞は餌生物を捕まえたり，敵から身を守る機能があり，刺胞から放出される刺糸（しし）からは毒が出る．刺胞動物は基本的に肉食性だが，細胞内に共生する褐虫藻から栄養を得ているサンゴもいる．また，刺胞動物の一例として無性世代（ポリプ）と有性世代（クラゲ）の両方をもつミズクラゲがあげられる．有性世代は水槽を泳ぐクラゲだが，無性世代のポリプは泳がず岩などに付着し出芽や分裂で増殖する（白山，2005；林，2006；今島，2007；本川，2009；図10・2）．ポリプの時期のクラゲは，サンゴやイソギンチャクにより似ているのではないだろうか．または，イソギンチャクが岩から離れ水中を泳いだら，クラゲと似た状態になる．

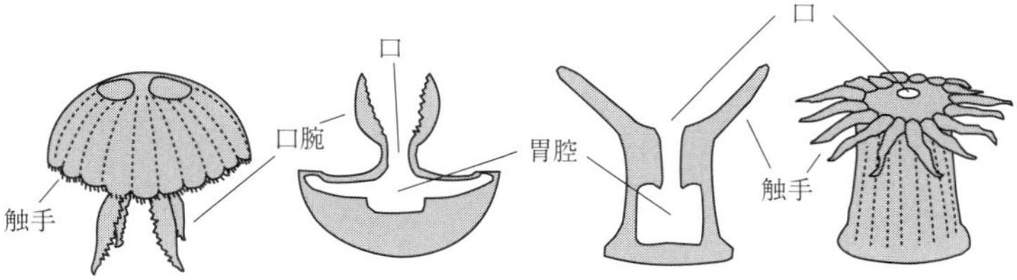

図10・1　クラゲとイソギンチャクの体のつくり（概略図）
（Wallace *et al.*，1989；内海，1996；白山，2005；林，2006；今島，2007；ジェーフィッシュ，2007を参考に作図）

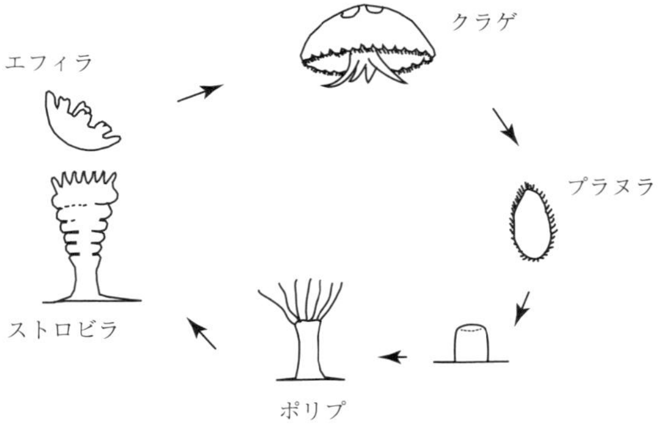

図10・2　クラゲの生活（概略図）
（Wallace *et al.*，1989；内海，1996；林，2006；ジェーフィッシュ，2007を参考に作図）

3）有櫛（ゆうしつ）動物—クシクラゲ・ウリクラゲ

水族館のクラゲ展示で，刺胞動物のクラゲと同じようにゼリー状の柔らかい体をもち，水中をゆっくりと移動する有櫛動物のクラゲもみることができる．体は放射相称性で筋細胞と神経細胞がある．有櫛動物は刺胞をもたず，「櫛板」をもつ．櫛板は長い繊毛が融合したものであり，体の周りの櫛板の繊毛が協調して虹色に波打つのが有櫛動物のクラゲの特徴である（本川，2009）．

4）扁形動物―ヒラムシ・プラナリア

上記の海綿動物，刺胞動物，有櫛動物の体の単純さと比較し，扁形動物はより複雑な体のつくりをもつ動物のもっとも単純な一例である．体は左右相称で背と腹，前と後ろがあり，2層以上の細胞層，器官，組織化された神経系をもつ．神経系は脳と神経索，表皮下神経網と単純な組織化がされているが，体腔や骨，循環系はない（今島，2007；本川，2009）．再生能力の高いプラナリア（ナミウズムシ）は淡水性の扁形動物であり，海ではプラナリアによく似たヒラムシ類が見られる．

5）環形動物―ゴカイ・ケヤリムシ

環形動物は，左右相称で2層以上の細胞層，組織，器官，神経系，体腔と体節構造がある（本川，2007）．陸上で見られるミミズも環形動物であり，釣り餌で使うミミズに似たゴカイ類（青イソメなど）が身近な海産環形動物の一例である．水族館では，釣り餌のゴカイ類と同じ仲間とは思えない，華やかなカンザシゴカイやケヤリムシを見ることができる．カンザシゴカイやケヤリムシは，岩に固着して生活する環形動物で，石灰質の棲管内に生息している．棲管から色鮮やかな鰓冠を出している姿は花のようで，イソギンチャクやソフトコーラルとともに水槽内を賑やかにしてくれる．

6）軟体動物―貝類，イカ・タコ・ウミウシ

軟体動物は非常に多様な生物を含む分類群であり，固着性の貝類や遊泳性のイカまで形も生態もさまざまである．体は左右相称で，組織や器官，消化管，外套膜がある．体節はなく，ほとんどの種が外套膜から分泌された石灰質の貝殻をもつ（林，2006；本川，2009）．食用として身近な軟体動物は，ホタテガイ・ハマグリ・アサリ・アワビ・サザエ・シジミ・イカ・タコなどだが，水族館ではイカ・タコ・ウミウシ・オキナエビス・シャコガイ・クリオネ（ハダカカメガイ）などが展示されている．巻貝のオキナエビスは約5億年前のカンブリア紀からほとんど形態が変わっていない生きた化石の例として，二枚貝のシャコ

ガイは外套膜に共生する共生藻（褐虫藻）の説明とともに展示されることが多い．頭足類のイカ・タコの特徴は，複雑な神経系と視覚をもち，すばやい体色変化や墨を吐くことができる点である．頭足類の目は，脊椎動物の眼とほぼ同じ構造になっている．また，体表にある色素胞を収縮・拡大させることで，瞬時に体色を変化させることができ，カムフラージュや擬態，威嚇を行う（白山，2005；林，2006；本川，2009）．ウミウシの仲間は飼育が難しいが，色鮮やかな体色から人気がある．ウミウシの仲間は体の外に体を守る貝殻をもたない．そのため，餌から毒を取り込んだり，派手な色で威嚇（警戒色）していると考えられるものがある（伊藤，2007）．

7）節足（せっそく）動物―甲殻類（カニ・エビ・フジツボ）

海で見られる甲殻類はカニ・エビ・ヤドカリ，プランクトンのカイアシ類などである．また，節足動物とは思われない生物にフジツボやエボシガイ，カメノテがあげられる．節足動物の特徴は，外骨格と明瞭な体節構造，多くの関節とつながる付属肢をもつことである．また，外骨格をもつため，脱皮をして体を大きくする．カニやヤドカリなど，ハサミをもつものも多く，摂食や攻撃，防御，求愛などさまざまな機能がある．単眼や1対の複眼をもち，複眼が眼柄（がんぺい）の先端にあるものもいる（林，2006）．食用として身近なエビやカニは胸部に10本（5対）の歩脚がある十脚類に分類される．水族館でのカニの展示は多く，タラバガニやズワイガニもみられる．ズワイガニと，ヤドカリの仲間のタラバガニでは歩脚の数が異なるので，水槽でよく観察してみよう．ヤドカリの仲間のタラバガニの歩脚は8本（4対）で，ズワイガニの歩脚は10本（5対）である．

8）棘皮（きょくひ）動物―ヒトデ・ウニ・ナマコ

体は5放射相称で組織と器官がある（本川，2009）．多くのヒトデは腕が5本で星型の5放射相称が明瞭に確認できる．平面的な形で腕や管足をもち，比較的活発に運動するヒトデと，体の形が丸く棘（とげ）で身を守り，あまり動くことのできないウニが仲間とは思えないが，ウニにもよくみると5放射相称と管足が確認できる（図10・3）．水族館では，植物のような形態をもつウミシダやテヅルモヅルが展示されていることがあり，「動く植物」のような興味深い姿を見ることができる．

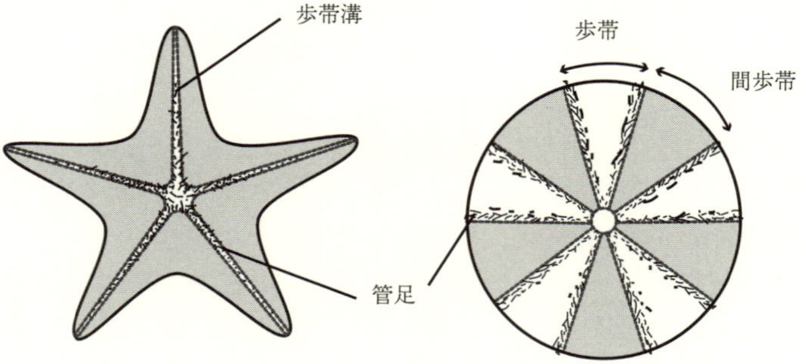

図 10･3　ヒトデとウニの 5 放射相称の体
普段は棘があり見えにくいが，ウニにも 5 放射相称の形が確認できる．

9）脊索動物─ホヤ・脊椎動物（魚・イルカ・クジラ・海獣類）

水族館で主役となる魚やイルカ・クジラ，海獣類といった脊椎動物はこの脊索動物の一部に分類される．脊椎動物に近い仲間として，脊索動物のホヤとナメクジウオがいる．脊索動物はその多くが生活史の一時期または一生「脊索」をもつという特徴があり（林，2006），ホヤやナメクジウオは人間を含めた脊椎動物の進化を研究する上で注目されてきた．体は左右相称で組織や器官がある（本川，2009）．ホヤは磯や浅海で容易に見ることができ，また，東北地方ではマボヤが食用としてスーパーで売っている．しかし，その姿はどちらかというと海綿動物に似ており，脊椎動物に近い生物だとは思われない．脊椎動物と似た姿は孵化（ふか）後のオタマジャクシ幼生の時期に見られ，この時期は脊索や神経管があ

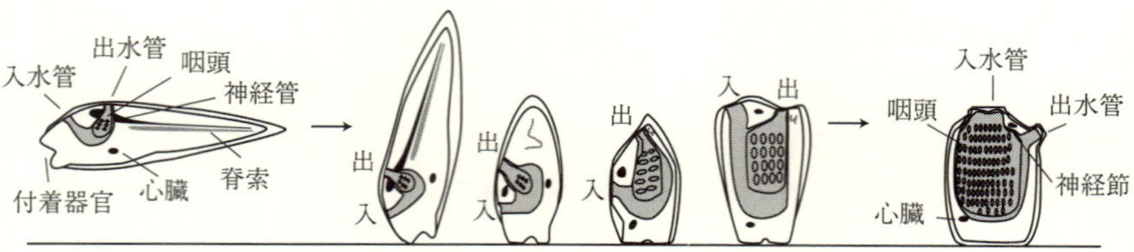

図 10･4　ホヤのオタマジャクシ幼生とその後の変態（概略図）
（団ら，1988：内海，1996：白山，2005：林，2006：今島，2007：本川，2009 を参考に作図）

るが，着底生活に移るころオタマジャクシのような形は失われてしまう（図10・4）．

無脊椎動物の生活様式は，同じ分類群の生物でも浮遊生活をするもの，固着生活をするもの，遊泳能力をもつものとさまざまである．同様に有性生殖，無性生殖，分裂，出芽，雌雄同体・雌雄異体と生殖様式もさまざまで，生息場所や増え方では容易に分類できない．さらに，分類の基本として注目する生き物の「形」も，まったく異なる生物で似たような形をしている（例えば，カイメンとホヤなど）．そのため，無脊椎動物の分類に難しさを感じるかもしれないが，「見かけが似ていても全く分類群の異なる生物がいる」と認識し，生物図鑑の全く異なるページを開いてみると目的の生物が見つかりやすくなる．水族館では，ぜひ無脊椎動物にも目を向け，その形や行動を観察してみてほしい．（中井静子）

文　献

団　勝磨，関口晃一，安藤　裕，渡辺　浩（1988）：無脊椎動物の発生　下，培風館，583 p.

林　勇夫（2006）：水産無脊椎動物入門，恒星社厚生閣，294 p.

今島　実（監訳）（2007）：シリーズ〈海の動物百科〉4　無脊椎動物Ⅰ，朝倉書店，92 p.

今島　実（監訳）（2007）：シリーズ〈海の動物百科〉5　無脊椎動物Ⅱ，朝倉書店，156 p.

伊藤勝敏（2007）：伊豆の海　海中大図鑑〈第4版〉，データ・ハウス，373 p.

ジェーフィッシュ（2007）：クラゲのふしぎ—海を漂う奇妙な生態—　知りたい！サイエンス，技術評論社，250 p.

本川達雄（監訳）（2009）：図説　無脊椎動物学，朝倉書店，575 p.

白山義久（編）（2005）：バイオディバーシティ・シリーズ5　無脊椎動物の多様性と系統，裳華房，324 p.

内海冨士夫（監修）（1996）：エコロン自然シリーズ　海岸動物，保育社，196 p.

Wallace, R. L. *et al.*（1989）：Beck and Braithwaite's Invertebrate Zoology-A Laboratory Manual 4th edition, Macmillan Publishing Company, 475 p.

11章

魚類の形態と生態

11・1　魚類って何？

魚類は，海産哺乳類やペンギンと並ぶ水族館の主役である．はるか昔から食用や観賞用として人々に親しまれてきた魚類は，たいていの水族館で中心部に据えられた大水槽の中を乱舞し，多くの観客から喝采を浴びている．しかしながら，いざ「魚類とは何ですか？」と問われてみると，的確に答えられる人はあまりいない．そもそも魚類学者の間でも「従来の『魚類』を全て脊椎動物とみなして良いのか」という根源的な問題に関して，ごく最近まで見解が分かれていたくらいなので，専門外の人が的確に答えるのはきわめて難しいのである．

ここでは，多くの魚類学者が執筆者として参加している図鑑「日本産魚類検索 全種の同定 第三版」（中坊・中山，2013）に従い，魚類を無顎(むがく)類と顎口(がっこう)類からなる脊椎動物の一大分類群として考える．無顎類は読んで字の如く「顎(あご)のない魚類」であるのに対し，顎口類は「顎をもつ魚類」であり，板皮(ばんぴ)類，軟骨魚類，棘(きょく)魚類，硬骨魚類の4分類群からなる．無顎類の現生種であるヌタウナギやヤツメウナギの仲間は，ウナギのように細長い体型と粘液質の滑らかな皮膚を備えている．種数は少なく，生息場所も限られているため，一般人が水族館以外の場所で無顎類にお目にかかる機会は少ない．また，顎口類の板皮類と棘魚類は既に絶滅した化石動物であり，魚類学者であっても想像図の世界でしか，その姿を拝むことはできない．つまり，私達がふだん「魚類」として親しんでいる仲間は，顎口類の硬骨魚類と軟骨魚類のどちらかにほぼ限られているのである．

11・2　硬骨魚類

硬骨魚類は世界中の海や川に生息し，きわめて多くの種に分化した大分類群である．私達の日々の食卓に上がるアジ，サバ，マグロ，鯉のぼりでお馴染み

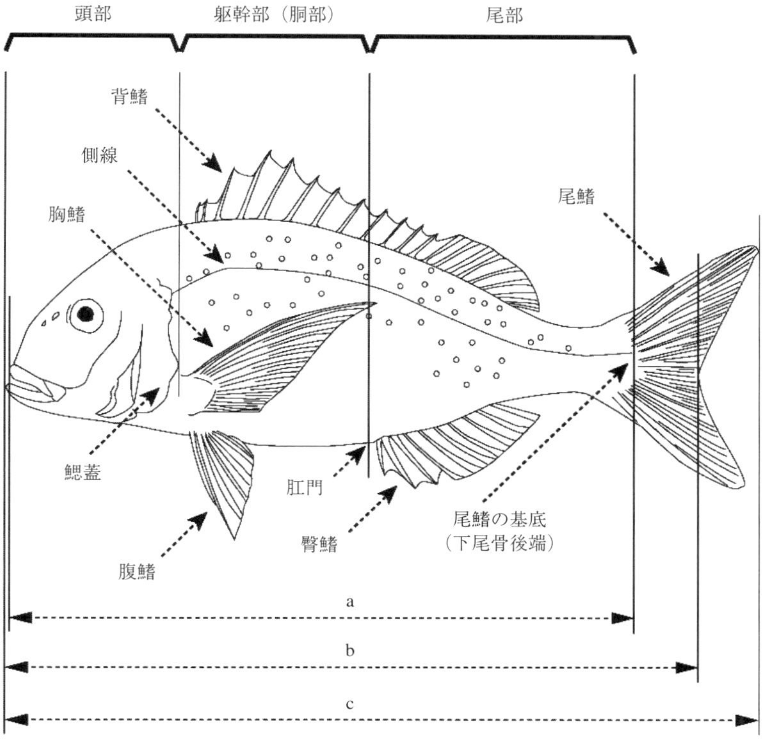

図 11･1　魚体各部の名称と体長の測定部位
a：標準体長，b：尾叉長，c：全長

のコイや高級食材キャビアで有名なチョウザメ，更には「生きた化石」として名高いシーラカンスまでもが，この硬骨魚類に含まれている．

硬骨魚類の体は，頭部，躯幹部（胴部），尾部の 3 大区分と体表に連なる鰭からなり，内骨格は一部の種を除いて高度に硬骨化している（八杉ら，1997；岩井，2005；中坊・中山，2013）．頭部は体の前端から鰓蓋の後端までの部分，躯幹部は頭部後端から肛門までの部分，尾部は肛門から尾鰭の基底までの部分である（図 11･1）．通常，頭蓋骨（神経頭蓋）は頭部，内臓は躯幹部に納まっており，鰓孔は左右 1 対で開いている．鰭は，主に背鰭，尾鰭，臀鰭，胸鰭，腹鰭という 5 種類から構成されており，それぞれの鰭は鰭条とよばれる硬い組織によって支えられている．多くの種では，体表が鱗（うろこ）で覆われており，側線とよばれる刺激受容器官が連なっている．

11・3　軟骨魚類

軟骨魚類には，全頭（ぜんとう）類とよばれるギンザメの仲間と板鰓（ばんさい）類とよばれるサメ・エイの仲間が含まれている．日本沿岸に分布するギンザメの仲間は，水深数百 m の深い海を主な生息場所としており，底曳網漁船にでも乗り込まない限り，野外で生きた姿を目にする機会はほとんどない．これに対し，サメ・エイの仲間にはネコザメやアカエイのように海岸付近のごく浅い水深帯に進入する種が含まれているため，生きた姿を目にする機会は一般人でも意外に多い．

軟骨魚類の内部骨格は軟骨によって構成されており，硬骨魚類と顕著な相違をなしている．全頭類と板鰓類の外観上の違いは，鰓孔の数に明瞭な形で顕れており，全頭類では左右1対が開口しているのに対し，板鰓類では5～7対が開口している（中坊・中山，2013；岩井，2005）．軟骨魚類の体も，頭部，躯幹部（胴部），尾部の3大区分と鰭に分けることができるが，板鰓類には鰓孔が複数あるので，頭部の境界が少し紛らわしい．板鰓類の場合，体の前端から最後方の鰓孔の後端までが頭部とみなされる．

11・4　魚の種名を調べる

水族館に行くと，姿形や色彩・斑紋（はんもん）の異なるさまざまな魚を目にすることができる．魚に惹かれる者なら，目の前の魚がどんな種名を冠しているか調べてみたくなるであろう．魚類図鑑を片手に水槽の前で半日粘ってみるのも悪くない．そのように図鑑や標本を手がかりにして種名を調べる作業を「同定」という．以下に，外観から魚を同定するための着眼点を4つほどあげる．

1）プロポーション

魚体各部のサイズ比率のことをプロポーションという．プロポーションは，魚種ごとにほぼ一定の値で定まっているから，種名を調べる際の大きな手がかりとなる．例えば肛門の位置．トウゴロウイワシ科のトウゴロウイワシとギンイソイワシは近縁で非常によく似ているが，肛門の位置が明瞭に異なっている．

トウゴロウイワシの肛門は腹鰭の付け根付近に開口しているが，ギンイソイワシの肛門は腹鰭の後端よりも後方の第一背鰭直下に開口している．よく似ていても，肛門より前方の部分のサイズ比率によって，簡単に種を見分けることができるのである．

2）固有形質の有無

魚種によっては「棘（きょく）」とよばれる硬い突起物や「皮弁（ひべん）」とよばれる柔らかい突起物が体表から出ていることがある．このような形質の形状や出現位置は魚種毎に一定であるから，魚を同定する際の有力な手がかりとなる．

3）体節的形質（計数形質）

脊椎骨の椎体の数，鱗の数，鰭条の数など，1，2，3，4・・・・と数えられる形質を体節的形質もしくは計数形質という．体節的形質の数は，遺伝的要因および発生初期の環境要因によって変動するが，よほど数の多い場合でない限り変動幅は小さく，魚種ごとにほぼ一定の値を示す．したがって，魚種を同定する際の有力な手がかりとなる．

水族館の魚は水槽の中を泳ぎ回るので，鱗の数や鰭条の数を正確に数えるのは難しいかもしれないが，ざっと数えた値でも大まかな目安にはなるであろう．

4）色彩・斑紋

魚体表面の色彩や斑紋も魚種ごとにほぼ一定のパターンを示すから，種を同定する際の有力な手がかりとなる．しかし，色彩・斑紋を重視しすぎてはいけない．魚の体色は，すんでいる場所によって多様な変異を示す場合が多いし，どのように光が当たるかによっても見え方が異なる．基本的には，「色」より「形」を軸にして調べた方がよいであろう．

以上，水族館で魚を同定するための主な手がかりを解説したわけであるが，これらの手がかりは野外で採集した魚を同定する際にも有効である．ただし，2点ほど注記しておきたいことがある．

水族館で展示されている魚は基本的に大人の魚（成魚）が主体であるが，野外では，生まれてから間もない子供の魚（仔稚魚（しちぎょ））も多く採集される．この仔稚魚については，一般的な魚類図鑑があまり役に立たない．仔稚魚は成魚と著しく異なる外観を呈している場合が多く，その姿から成魚の姿を連想するのはしばしば困難となる．仔稚魚を同定するためには，仔稚魚専門の図鑑を用意する必要がある．そのような図鑑としては，「日本産稚魚図鑑」（沖山，1988）が広く普及している．

また，野外で採集した魚の形や色を見て「きっと，この魚だ！」と思っても，そう断定する前に必ずチェックしなければならないことがある．採集時期と採集場所が，その魚種の生態特性に合致しているかどうかである．一年を通して北海道沿岸にしか生息しないと図鑑に記載されている種は，普通，東京湾では採れない．そこに生息していないはずの種が採れたなら，まず自分の同定結果を疑ってかかるべきである．

11・5　魚体のサイズを測定する

1）魚体の長さ

魚体の長さの指標としては，標準体長，全長，および尾叉長（びさちょう）が主に用いられる（図11・1）．標準体長は単に「体長」ともよばれ，最もよく使われる指標である．上顎（じょうがく）の前端から尾鰭の基底（下尾骨（かびこつ）の後端）の中央までの直線距離である．尾鰭を左右に折り曲げたとき，尾鰭の付け根にシワができる．このシワまでを測定すればよい．全長は，体の前端から後端までの直線距離である．後端は，尾鰭を中央に寄せて測定する．尾叉長は，体の前端から尾鰭湾入部の中央までの直線距離である．尾鰭の形が湾入していない魚種の場合，この長さは測れない．

一般に標準体長より全長や尾叉長の方が測定しやすいので，野外作業などで大量の魚のサイズを迅速に測定する必要がある場合には，全長や尾叉長が測定されることが多い．しかし，対象魚の尾鰭が擦り切れてボロボロになっていると，全長や尾叉長は魚体サイズの指標として正確性を欠くことになる．どの長さを測定するかは，状況に応じて適宜選択する必要がある．

2）体　重

体重には「湿重量」と「乾重量」がある．魚を水中から採りあげて常温で放置しておくと，魚体表面や体内の水分が蒸発していくため，魚の体重はどんどん変わっていく．そのため，魚体の元素含有量などを精密に分析するような場合には，魚体を乾燥機で乾燥させた後の魚体重量（乾重量）を測定する必要がある．一方，体重を大まかに把握するだけで十分な場合には，水分を含んだままの魚体重量（湿重量）を測定する．水族館や水産市場で測定される体重は，通常，湿重量である．

11･6　自然界での空間利用

1）回　遊

水族館の魚は水槽内の限られた空間で生活しているが，海や川の自然条件下に生息する魚は，一生をかけて長距離移動を行っている場合が多い．魚類が生理状態に応じて生息場所を移していき，やがて元の生息場所とほぼ同じ場所に戻ってくることを特に回遊とよぶ（八杉ら, 1997）．回遊の規模は同一魚種であっても個体間で異なる場合が多く，水産関係者に「回遊魚」「根付き魚」などの呼称で区別して扱われることがある．回遊魚が回遊性の強い個体であるのに対し，根付き魚は広域的に移動せず，沿岸の特定の場所に留まる個体である．根付き魚には，「瀬付き魚」「居付き魚」などの別称もある．

回遊のうち，海と川の間を往来する回遊を特に「通し回遊」とよぶ．通し回遊は更に，遡上（そじょう）回遊，降河（こうか）回遊，両側（りょうそく）回遊の 3 型に分けられる．遡上回遊は，生活史の中の長期間を海で過ごし，産卵のために川を上る回遊である．典型例としては，生まれた川に戻ってくるサケ（シロザケ）があげられる．これに対し降河回遊は，生活史の中の長期間を淡水で過ごし，産卵のために海へ降る回遊である．河川を遡上するタイプのウナギは，降河回遊魚の典型例といえるであろう．もう 1 つの両側回遊は，産卵を目的とせずに淡水域と海の間を往来する回遊である．典型例としてはアユがあげられる．アユは河川内で孵化（ふか）した後にいったん海に降り，沿岸海域で仔稚魚期を過ごしてから河川を遡上する．遡上期のアユは「稚アユ」とよばれる稚魚個体であり，産卵のために遡上するわけではないので，アユの回遊は「遡上回遊」に該当しないのである．

2）生息水深帯

鉛直方向に空間的な広がりのある海水域については，主な生息水深帯によって魚類を類型化することがある．分け方は魚類学者によって異なるが，一般に「水深 200 m」が主な境界線として扱われることが多い（落合，1987；岡村，1997；岩井，2005）．水深 200 m 以浅に生息する魚は「浅い海の魚」として扱われるのに対して，200 m 以深に生息する魚はしばしば「深海魚」として扱われる（落合，1987；岩井，2005）．しかし，この「深海魚」は海洋学的な区分としての「深海」とは対応していない．海洋学の「深海」は水深 2,000 m 以深を指しており，水深 200～1,000 m は「中深層」とよばれる比較的浅い水深帯である（ピネ，2010）．「深海魚」として扱われる魚種の多くは，海洋学的な「深海」に生息していないので，混乱しないように気をつける必要がある．

魚類の生息水深帯としては，「潮間帯」も特殊な意味合いをもつ．潮間帯とは，大潮の最高潮位から最低潮位にかけての水深帯であり，この場所では海底面の干出と水没が短時間の間に繰り返される．つまり，潮間帯の魚類は潮汐に伴う劇的な環境変化への生態的・生理的対応を常に迫られていることになる．

水族館に展示されている海水魚は，水深 0～200 m に生息する魚種が主体であるが，施設が充実した水族館や趣向を凝らした水族館では，水深 200 m 以深に生息する「深海魚」の飼育展示や，潮間帯の生態系を模した水槽展示を見ることができる．自然界では干出条件下から光のほぼ届かない水深帯まで分散して生息している魚たちが，水族館の高度な飼育技術によって小さな水槽群に集められているのである．

なお，水産関係者は，魚類をしばしば「浮魚（うきうお）」と「底魚（そこうお）」に区別する．浮魚は表中層を遊泳し，顕著な回遊を行う魚であり，イワシ・アジ・サバ類などが典型例である．一方，底魚は，カレイ類やカサゴ類など，海底付近に生息する魚であり，通常，その移動性は浮魚より乏しい．水族館の大水槽を観察していると，浮魚が水槽全体をひっきりなしに群泳し，底魚が底面付近に留まって緩やかに徘徊する光景をよく見かける．どの魚種がどの水深帯を利用しているか，注意して観察してみるのも面白いのではなかろうか．

11･7　年齢と成長

我々人間は二十歳を迎える頃に成長が止まり，それ以降はほとんど成長しないのに対し，多くの魚類は生まれてから死ぬまで成長し続ける．成長速度は若齢期から成熟期にかけて鈍化するものの，完全に停止するまでには至らない．水族館の魚に標識を付けて長期的に観察していれば，少しずつ魚体が大きくなる様を発見できるかもしれない．

こうした魚の成長特性は，以下のように年齢 t を変数とする式で種ごとに一般化される．

$$L_t = L_\infty(1 - e^{-k(t-a)})$$

L_t は年齢 t のときの体長，L_∞ は極限サイズの体長，k は係数，a は $L_t = 0$ となる理論上の年齢を表している．この式はBertalanffyの成長式とよばれており，多くの魚種の成長特性を表すために用いられている．魚類の成長式には他にも複数の種類があるが，この式が魚類の成長に最も当てはまりやすいと考えられている．

このような年齢と成長の関係を調べるための実験・調査方法としては，年齢形質法，体長組成法，飼育法，標識放流法などがあげられる．年齢形質法は，魚体に刻まれた年輪情報を解読する方法である．対象種の鱗，耳石（じせき），脊椎骨などに年輪が刻まれていた場合には有効であり，魚類では最も使用頻度の高い方法である．体長組成法は，対象種を継続的に採集し，体長の頻度分布の経時変化を調べる方法である．飼育法は飼育実験下で魚体サイズの変化を記録する方法であり，標識放流法は標識装着個体を放流・採捕して，放流時と採捕時の魚体サイズの差を調べる方法である．いずれの手法にも一長一短があり，対象種の特性に合わせて最も適切な方法を選択する必要がある．

なお，魚が最長で何年生きられるかは，種間で顕著に異なっている．チョウザメの仲間のように100年を超す寿命の魚もいれば，ハゼ科の一種のように2カ月程度の短期間で寿命が尽きる魚もいる（吉永，2010）．魚類の寿命推定は難しいが，成長特性を正確に把握するため，一つ一つの種について地道に寿命を明らかにしていく必要がある．そのような寿命の解明に際しては，継続的に魚を飼育観察する水族館の飼育記録が貴重な手がかりとなる．

11･8　繁　殖

多くの水族館には，世界的に珍しい魚種や絶滅の怖れのある希少な魚種が飼育展示されており，こうした魚を館内で繁殖させる取り組みが進められている．残念ながら，この取り組みは展示水槽の裏側で行われており，我々が直接観察することはできない．また，ほとんどの魚類の産卵行動は，時期，場所，物理化学的環境要因などが一定の条件を満たした時に起きるものであり，展示水槽の中の魚が我々の目の前でいきなり産卵を始めるようなことは滅多にない．したがって，魚類の繁殖について我々が水族館で学べることは，外観の雌雄差に関する内容が中心となる．

魚類には，外観の雌雄差が明瞭に顕れる種とほぼ全く顕れない種がある．雌雄差が顕れる種では，とりわけ繁殖期に色彩･斑紋の差が顕著になることがある．このように繁殖期にのみ出現する色彩・斑紋は「婚姻色」とよばれており，成熟雄で際だつ場合が多い．例えば，都会の川に多く生息するオイカワでは，晩春から夏にかけての繁殖期に成熟雄の体表が極彩色に彩られ，追星（おいぼし）とよばれる白色のボツボツした突起物が頭部などに出現する．この時期に水族館に行けば，オイカワの成熟雄が婚姻色を全開にして雌に猛アピールする姿を目撃できるかもしれない．

展示水槽で外観の雌雄差を観察する際に，もう1つ知識として備えておきたいことがある．「性転換」という現象である．多くの魚類は我々人間のように雌雄異体であるが，一部の種では，同一個体が卵巣と精巣をもつ雌雄同体になることが知られている．性転換というのは，同一個体の中で卵巣もしくは精巣が時期を異にして発達する現象である．性転換には，雄から雌に変わる場合，雌から雄に変わる場合，および雄と雌の双方向に変わる場合があり，どの様式になるかは種によって異なっている．例えば，ベラ科のキュウセンでは，雌の一部が性転換して雄になる．雌雄の外観は別種のように異なっており，黄緑色の雄は「青ベラ」，赤みの強い雌は「赤ベラ」という通称をもつ．赤ベラが青ベラに変身する様を想像しながらキュウセンの群れを観察すれば，少し違った面白さを感じることができるのではなかろうか．

11･9　食　性

多くの水族館では，大水槽の中にイワシのような小魚とブリのような大きな魚が同居している．ブリの目の前をイワシが泳いでいれば，両者の間に食うものと食われるものの壮絶な追いかけっこが起きそうなものであるが，我々の目の前では和気藹々（わきあいあい）と泳いでいるから不思議なものである．飼育条件下では十分な量の餌が毎日与えられるため，魚たちはそれほど飢えていないのかもしれない．

水族館ではなかなか観察できないが，海や川の中では魚とその他の生き物たちによる多様な捕食 - 被捕食関係が網の目のように張り巡らされ，複雑な食物網が形成されている．こうした食物網を介しての栄養の流れを読み解くため，魚類の食性はしばしば種ごとに類型化されて整理される．ここでは，宮地ら(1976)，八杉ら（1996）および岩井（2005）を基に，魚類の食性を類型化するための代表的な用語を 9 つあげておく．

①肉食性：生きている動物を食べること．

②捕食性：生きている動物を捕まえて殺し，食べること．

③プランクトン食性：プランクトンを食べること．

④魚食性：魚を食べること．

⑤底生生物食性（ベントス食性）：底生生物（ベントス）を食べること．

⑥植食性：植物体あるいは植物体由来の物質を食べること．

⑦雑食性：植物と動物の両方を食べること．

⑧デトリタス食性：生物の死骸や破片を食べること．

⑨腐食性：生物の死体や排出物などを食べること．

これらの用語は所々意味が重複しており，多くの魚種が複数の用語に当てはまることに注意する必要がある．そもそも，魚類の食性は生息環境や状況によって変わるものであり，食性を一元的に類型化するのは難しい．ゴカイ餌の投げ釣りで採集されたベラやネズッポの仲間が，飼育実験水槽の中で魚の屍肉（しにく）をついばむ光景を見かけることがある．これらの魚は，ある時は小型無脊椎動物を食べる底生生物食者になり，ある時は死体をむさぼる腐食者になるのである．個人的見解であるが，こうした食性の多様性と柔軟性を観察できる行動展示があると，水族館の面白さは増すかもしれない．

11・10　おわりに

水族館や実験施設の水槽の中を覗き込んでいると，ふだん見慣れた魚種であるにも関わらず「あれ？ この魚は何だろう？」と思うことがある．既に息絶えて実験台に横たわる時と水中を優雅に泳ぎ回る時とで，色彩・斑紋がまるっきり違って見えるのだ．そんな時は，思わず「水の中では，そんな姿だったのか！」と感嘆の声をあげてしまう．

魚類に惹かれて水族館に通い詰めている人達には，ぜひ，魚屋さんで鮮魚を見物したり，鮮魚のはらわたを捌（さば）いたり，魚捕りに挑戦したりして，魚たちの別の姿も眺めてみて欲しい．見慣れた魚であっても，きっと新しい発見が得られることだろう．「水の外では，こんな姿だったのか！」と驚嘆の声を上げるかもしれない．水族館を足場にして，広く深く魚を勉強しよう．（高井則之）

文　献

岩井保（2005）：魚学入門，恒星社厚生閣，219 p.

宮地傳三郎ら（1976）：原色日本淡水魚類図鑑，保育社，462 p.

中坊徹次・中山耕至（2013）：魚類概説 第三版．日本産魚類検索 全種の同定 第三版，東海大学出版会，pp.3-30.

落合明（1987）：魚類概説．原色魚類大圖鑑，北隆館，pp.13-37.

岡村収（1997）：魚とは．山渓カラー名鑑 日本の海水魚，山と渓谷社，pp.14-18.

沖山宗雄（編）（1988）：日本産稚魚図鑑，東海大学出版会，1154 p.

Pinet, P. R.（2010）：海洋学 原著第4版（東京大学海洋研究所 監訳），東海大学出版会，599 p.

八杉龍一ら（1996）：岩波生物学辞典 第4版，岩波書店，2027 p.

吉永龍起（2010）：魚類生態学の基礎（塚本勝巳編），恒星社厚生閣，pp.195-203.

12章

魚類のしくみ

魚類も脊椎動物の一員であり，私達と同じように，神経系，呼吸・循環系，消化系，排出系，生殖系など基本的な器官系を備えている（図12・1）．これらの構造や働きを順番に見てみよう．

12･1　神経系

中枢神経系は脳と脊髄により構成される．真骨魚類の脳の例として，コイの脳の模式図を示す（図12・2）．哺乳類に比べると相対的に小さいが，前の方から順に，終脳，中脳（視蓋（しがい）），小脳，延髄が並ぶ．また，終脳と中脳の間の外から見えない深いところに間脳がある．

終脳の前端には嗅球（きゅうきゅう）とよばれる膨らみがあり，コイでは嗅球は嗅覚上皮のある嗅房に付随しており，嗅索でつながる．終脳は嗅球とともに，魚類では主と

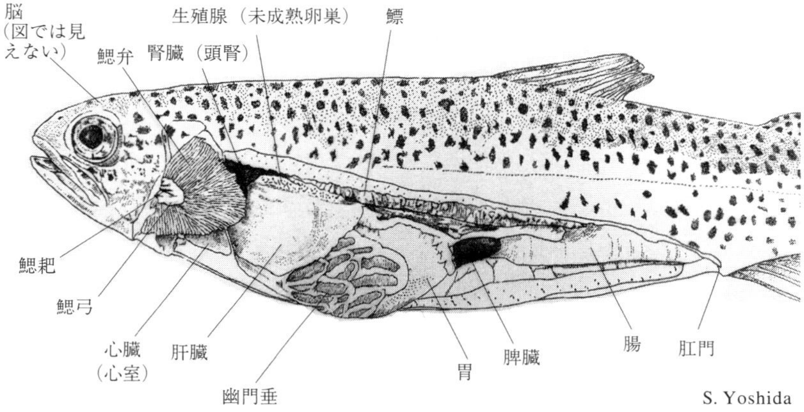

図 12・1　ニジマスの内臓配置

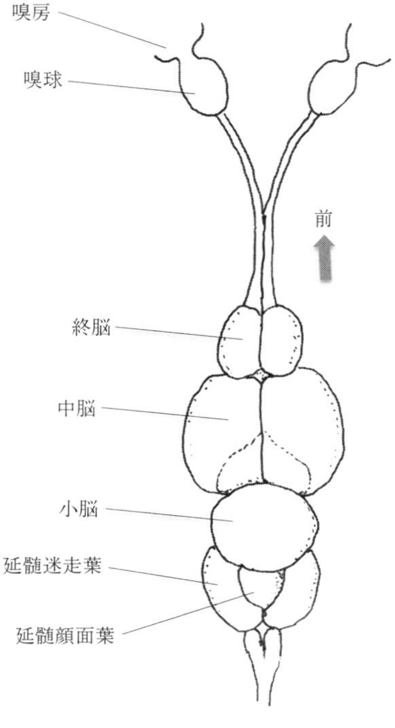

図 12・2　コイの脳 模式図（上から見た図　脳神経は省略してある）

して嗅覚中枢となっている．したがって，夜行性でおもに嗅覚に頼って行動するウツボなどの脳では，終脳が発達する．哺乳類の大脳は，終脳が進化・発達したものである．

間脳にはさまざまな感覚情報がはいり，また腹側に位置する視床下部・下垂体系は内分泌調節に関与する．

中脳には視神経が入っており，視覚の中枢となっている．昼間，水族館の大水槽を泳いでいるような魚種は視覚に依存する部分が多く，発達した中脳をもつ．

小脳は魚類が自由に遊泳する上で重要な平衡覚や側線感覚を司る中枢である．モルミルスやジムナルクスなどの弱電魚とよばれる魚類は自分の周囲に弱い電場を作っており，そこに入ってくる敵や餌の小魚を電場の乱れで感じることができる．その際の電気受容器となるのが特殊化した側線器官で，これらの魚類は脳全体を覆うほど発達した小脳をもつ．

延髄は迷走葉と顔面葉とからなり，いずれも味覚の中枢を形成する．口腔内味覚系が発達した魚類では前者が，口腔外味覚系が発達した種では後者が発達する．たとえば，コイとフナは近縁な魚類でいずれも迷走葉が発達するが，口のまわりに 2 対のヒゲをもつコイはヒゲでも味がわかり，迷走葉に加え顔面葉も発達する．

12･2　呼吸・循環系

水中は空気中に比べ，呼吸の面から不利な点が多い．たとえば，水の酸素容量は空気の約 1/30 しかなく，密度は逆に約 800 倍もある．酸素の少ない高密度の物質から酸素を集めるためには多くのエネルギーを必要とする．そのため，魚類は進化の過程で呼吸器としての鰓（えら）を発達させてきた．

魚類の鰓は基本的に鰓弓（さいきゅう）と鰓弁（さいべん）からなる（図 12・3）．板鰓類（ばんさいるい）（サメやエイ）では左右 4 対の鰓隔板上に鰓が固定され，鰓隔板と鰓隔板の間の 5 つの隙間が外から見え板鰓類特有の外観を形成する．一方，一般の真骨（しんこつ）魚類では 4 対の鰓が重なりその上を 1 対の鰓蓋（さいがい）が覆う．

呼吸器に運ばれてくる酸素のうちどれだけが血液中に取り込まれるかを示す値を酸素利用率という．ヒトにおける酸素利用率は約 19％であるのに対し，魚類では 65～75％に達する．呼吸上皮上においても酸素は濃度が濃い方から薄い方へ拡散することにより取り込まれることを考えれば，鰓弁上に突出する多数

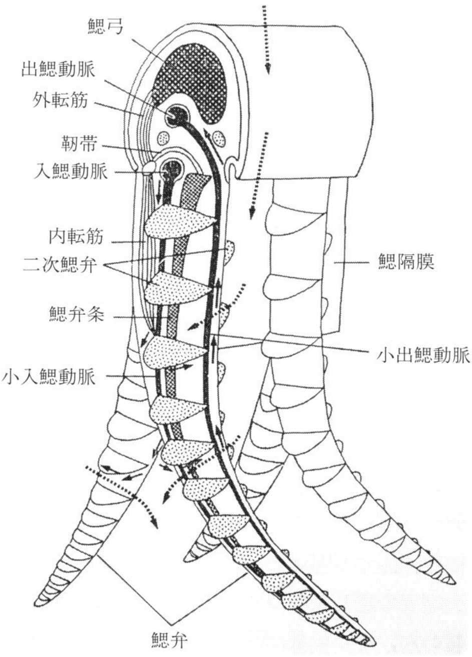

図12・3　真骨魚類の鰓構造模式図（岩井，1985より引用）
＊実線矢印は血液の流れを、破線矢印は水の流れを示す．
血流と水流が逆方向であることに注意

の二次鰓弁による表面積の増加（図12・3，12・4）と，薄い呼吸上皮がこれに寄与していることは明らかであるが，さらに魚類では二次鰓弁上で水流と血流が逆方向に流れる対向流系を形成することにより，ガス交換の効率が上がる（図12・3）．

それでは，酸素が豊富に存在する空気中に魚類を置くと，一般に短時間で死んでしまうのはなぜだろうか．それはこれらの鰓の特性は，空気に比べ高密度な水中で浮力を受けて立体構造を保つことにより初めて発揮されるからである．空気中では鰓の鰓弁や二次鰓弁は互いにくっついてしまい表面積が著しく減少して魚は窒息する．逆に，空気呼吸もできるキノボリウオやある種の熱帯のナマズの仲間では，鰓弁をまばらにしたり樹状にしたりして表面積を減少させ，鰓弁どうしが空気中でくっつかないようにしている．

図 12・4　ニジマス鰓弁の走査型電子顕微鏡写真
＊鰓弁と直角方向に、多数の二次鰓弁が互生していることに注意.
バーは 500μm を示す.

12・3　消化系

成魚の消化管は順に，食道，胃，および腸から構成される．基本構造は管であり，内側から，粘膜，粘膜下組織，筋肉層，および漿膜(しょうまく)からなる．さらに，消化や貯蔵に関わる肝臓，胆嚢(たんのう)，膵臓(すいぞう)も消化系に含まれる．

食道は咽頭(いんとう)と胃を結び，粘膜上皮には多数の粘液細胞が発達し，食物を胃に送るのを助けている．ウナギを海水適応させると，飲んだ海水を食道で脱塩し水分を吸収しやすくする．

胃は消化器官であるとともに，貯蔵器官でもある．大量の食物を貯蔵するために，胃壁は伸縮に富む．魚類の胃は基本的に，入り口となる噴門(ふんもん)部，食物が収まる盲嚢(もうのう)部，および出口となる幽門(ゆうもん)部からなるが，各部の発達の程度は魚種により大きく異なる．上皮下には胃腺が発達し，分泌されるペプシノゲンは酸性環境下でペプシンとなりタンパク質の消化を助ける．コイ，ダツ，サンマ，サヨリ，トビウオ，ベラなどには胃がない．また，フグが水や空気を飲み込んでふくれるのは特殊化した胃である．

胃に続く腸は食物の消化と吸収の中心となる．腸の長さ（体長に対する割合）は種によって大きく異なり，一般に植物食の魚類は動物食の魚類に比べ長い腸をもつ．板鰓類は真骨類に比べ太く短い腸をもつが，内面にらせん弁が発達し，表面積や食物の移動距離をみかけより大きくしている．

一部の魚類は胃から腸への移行部に幽門垂とよばれる盲嚢をもち食物の消化と吸収を助けている．その形態や数が種により異なるため，しばしば分類形質として用いられる．

肝臓は胆汁を産生するとともに，栄養物質の代謝と貯蔵，異物の分解などを行う重要な器官である．多くの魚種で単葉から3葉の塊状を示すが，コイなどでは不定形をなし腸の間に分散する．魚類の雌では肝臓は卵黄前駆物質の産生部位でもあり，産卵期の前から産卵期にかけて肝臓が肥大する傾向がある．板鰓類の肝臓は，スクアレンなどを含む多量の油脂を蓄えており，浮力調節に寄与している．

魚類の膵臓は哺乳類と同様，消化酵素を含む膵液を外分泌するとともに，ランゲルハンス島をもちインスリン，グルカゴン，ソマトスタチンなどのホルモンを分泌する内分泌器官でもある．板鰓類では1～2葉の充実した器官として存在するが，多くの真骨魚類では腸間膜の間や肝臓の裏などに分散しわかりにくい．コイ，メジナ，マダイ，クロダイなどでは肝臓組織中に膵臓組織が分散して存在する，いわゆる肝膵臓をもつ．

12･4　排出系

動物における排出の意義は，体内での代謝で生じた不要産物を体外へ排出することと浸透圧調節である．

多くの魚類は肉食性であり，生きて行く上で必要なエネルギーの40％以上をタンパク質の異化で得ているという．したがって，不要産物の排出では，含窒素代謝物の排出が重要となる．

一般に，タンパク質はアミノ酸に分解され，代謝の過程で最終的にアミノ基に由来するアンモニアが生成する．アンモニアは生体にとって毒性が高いため，陸上脊椎動物ではエネルギーを使ってアンモニアを尿素や尿酸などの毒性の低い物質に変換して，ある程度体内に保持してから腎臓で濃縮して排出する．一方，真骨魚類では含窒素代謝物の50％以上がアンモニアの形で排出され，しかもそれらの大部分は鰓から拡散により直接環境水中に排出される．したがって，水中での呼吸の効率化に寄与した鰓の特性（広い表面積，薄い上皮，対向流系をもつ換水機構）が，真骨魚類では排出の効率化にも役立っている．しかし，この毒性の高いアンモニアの水中への直接排出が，魚類を狭い水槽で飼う場合，大きな問題となる．

魚類は水中で生活するため，絶えず浸透圧調節の問題と直面している．

真骨魚類は海水魚も淡水魚も海水の約1/3の血漿浸透圧を保っており，そのイオン組成は海水と似ている．水槽を泳ぐ魚を外から見ていてもよくわからないが，この血漿（けっしょう）浸透圧を維持するために，海水性真骨魚と淡水性真骨魚は，正反対の浸透圧調節を絶えず行っている．

海水魚は，外部環境の浸透圧が体液浸透圧よりもはるかに高いので，浸透圧調節をしなければ，浸透により塩分（主に$NaCl$）が体内に流れ込むと同時に脱水され死んでしまう．そこで海水魚は，まず脱水を防ぐために積極的に海水を飲む．しかし海水から直接真水だけを吸収することはできないので，食道から消化管の前半で塩分を吸収して（濃度差により移る），体液程度に薄まった海水を消化管の後半で吸収する．これで水分は確保できるが，余分な塩分も取り込んでしまうため，これを体外に排出する必要がある．それを行っているのが鰓の上皮にある塩類細胞である．海水性の真骨魚類はエネルギーを使って，絶えず余分な塩分を塩類細胞から排出している．

それでは淡水魚はどのように対処しているのだろうか．淡水魚は海水魚とは逆で，水が体内に流入し，塩類が体外に流出する傾向にある．浸透してくる水は尿となるが，淡水魚は腎臓で多量の尿を作るとともにできるだけ塩類（一価イオン）を再吸収し，絶えず低調尿を排出している．しかし，低調尿とはいえ塩類を捨てることになるため，淡水魚もエネルギーを使って，しかし海水魚とは逆に，鰓の塩類細胞から環境水中の微量の塩類を体内に取り込む．また，餌からも塩類を吸収する．

これら真骨魚類の浸透圧調節にはホルモンが関与しており，海水適応には頭腎部の間腎腺から分泌されるコルチゾルと下垂体前葉主部から分泌される成長ホルモンが，淡水適応には下垂体前葉端部から分泌されるプロラクチンが，主に関与している．

ほとんどの種が海に生息する板鰓類（サメ，エイの仲間）は，海水性真骨魚類とは別の適応をしている．すなわち，板鰓類は血中の無機イオン濃度を低く抑えるとともに，血中に尿素やトリメチルアミンオキサイドなどの比較的毒性の低い含窒素代謝物を蓄積して，血液浸透圧を海水とほぼ同じに保ち脱水されるのを防いでいる．一方，Na^{+}，Cl^{-}などの無機イオンは拡散により外から体内に入ってくるので，板鰓類は直腸にある直腸腺から過剰な塩分を排出する．

12･5　生殖系

魚類も哺乳類と同様，原則として雌雄異体の生殖を行う．すなわち，生殖腺として卵巣あるいは精巣をもつ．しかし，哺乳類では性の決定はほぼ性染色体に依存し受精の瞬間に決まるのに対し，魚類，特に真骨魚類では，性染色体に依存する部分はあるものの，孵化（ふか）直後は性が未分化な状態であり，性が分化してくるのは孵化後かなり時間がたってからである（分化時期は種により異なる）．したがって，真骨魚類の性は孵化後の外部要因によって影響されやすい．このことは，真骨魚類のかなりの種で，自然の条件下で性転換現象が起こることとも関係する．

魚類の繁殖もホルモンによる調節を受けている．ここでは，研究の進んでいる真骨魚類について簡単に述べる．

温帯域に生息する魚類は，一般に明瞭な産卵期（繁殖期）をもつ．これらの魚類は1年を周期として変化する日長や水温などの環境要因により，産卵期が調節されていると考えられる．たとえば多くのサケ科魚類は秋から冬にかけて産卵期を迎え，雌は比較的少数の大型卵を産む．卵は低水温下でゆっくり発生が進み，早春に大型の仔魚（しぎょ）が孵化する．一方，コイ科魚類には春から初夏にかけて産卵するものが多く，雌は比較的小型の卵を産卵する．卵は数日の内に孵化して，小型の仔魚が多数生まれる．いずれにしても，孵化仔魚が餌を取るのに困らないような時期に生まれるように，産卵期が調節されなければならない．サケ科魚類では夏至以降の日長の短縮が，コイ科魚類では春先の水温の上昇が，雌雄の成熟の引き金を引くのに重要な役割を果たしていると考えられる．

このような環境情報はさまざまな経路で受容され脳で統合されたのち，視床下部神経分泌細胞からの生殖腺刺激ホルモン放出ホルモン（GnRH）の分泌に置き換えられ，下垂体前葉の生殖腺刺激ホルモン産生細胞（GTH 細胞）を刺激し生殖腺刺激ホルモン（GTH）を産生・分泌させる．魚類の GTH は従来 1 種類と考えられてきたが，哺乳類と同様，濾胞刺激ホルモン（FSH）と黄体形成ホルモン（LH）の 2 種類が産生・分泌されることがわかってきた．

血中に放出された GTH は雌では卵巣を，雄では精巣を刺激し，それぞれ卵形成と精子形成を促進するが，これには卵巣あるいは精巣から分泌される雌雄の性ホルモンが重要な役割をはたす．

性ホルモンは GTH など，下垂体から分泌されるペプチドホルモンとは異なるステロイドホルモンの一種であり，コレステロールを原料として，さまざまな酵素により順次側鎖が切断され，炭素数 21 の黄体ホルモン（プロゲステロン）系のステロイド，炭素数 19 の雄性ホルモン（アンドロゲン）を経て炭素数 18 の雌性ホルモン（エストロゲン）まで合成される．これらのステロイドホルモンは，雌では卵巣の卵母細胞を覆う 2 層の卵濾胞細胞で，雄では精巣組織に散在するライディヒ細胞で合成され血中に分泌される．

産卵期に向かうと，雌では GTH により卵巣からエストロゲン（エストラジオール）が分泌される．エストラジオールは肝臓に作用し，卵黄物質前駆体（ビテロゲニン）を合成・分泌させる．ビテロゲニンは GTH の影響下で卵巣の卵母細胞に取り込まれ，卵母細胞はどんどん大きくなり卵形成が進む．雄では同様に精巣からアンドロゲン（テストステロン，11-ケトテストステロン）が分泌され，精子形成が進む．

産卵期（繁殖期）にはいると雌の卵黄蓄積は完了し，それまでエストラジオールを産生・分泌していた卵濾胞組織のステロイド代謝酵素の活性が変化し，プロゲステロン系のステロイド（卵成熟誘起ステロイド）を産生・分泌するようになる．その結果，卵成熟が進み排卵（卵濾胞組織から卵母細胞が押し出されること）が起き，卵は受精可能となる．多くの魚類では卵巣腔とよばれる腔所がある袋状の卵巣をもち，排卵された卵は卵巣腔に落ち，卵巣壁や腹壁の筋肉の収縮により，輸卵管を通って総排出腔から体外に放卵される（嚢状卵巣：図 12・5）．一方，サケ科魚類やウナギの仲間では上部が開いた棚のような卵巣をもち，排卵された卵は体腔に直接落ちる（図 12・6）．落ちた卵は腹圧により放卵される．

この時期，雄においても精巣におけるステロイド代謝系が変化し，雌と同様，プロゲステロン系のステロイドが産生され，精子が成熟し，排精（精子が動けるようになり，体外授精の準備ができる）が起こる．また，ある種の魚類では，

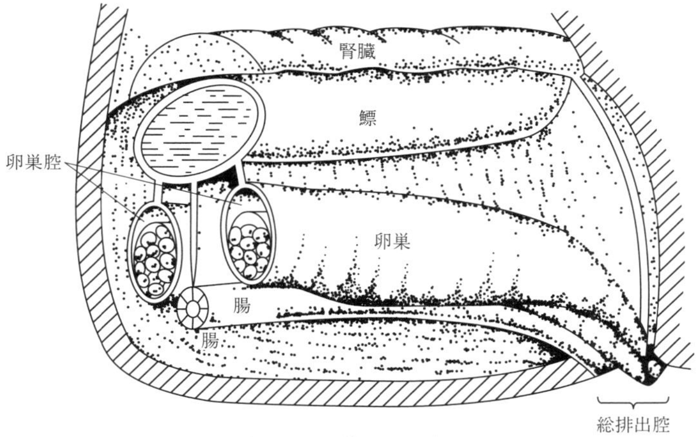

囊状型卵巣（多くの魚類）

図 12･5　囊状型卵巣模式図

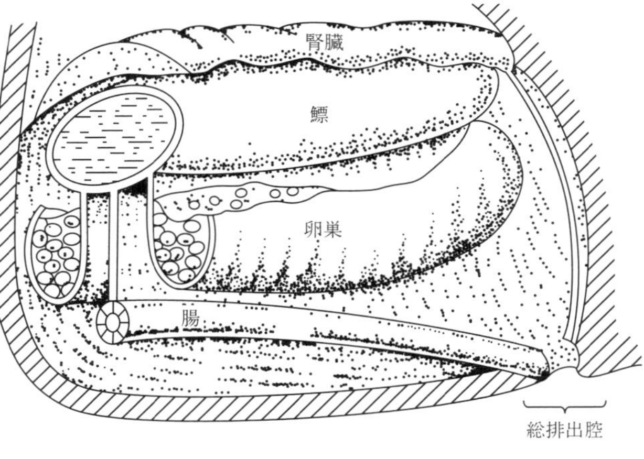

裸状型卵巣（サケ，マス，ウナギなど）

図 12･6　裸状型卵巣模式図

性ステロイドやプロスタグランディンが体外に出て，雌雄の性行動を誘起する性フェロモンとして作用する．

以上，真骨魚類を中心として魚の体のしくみについて概略を述べた．より詳しいことについては，文献欄にあげた成書を参考にしていただきたい．

（朝比奈　潔）

文　献

会田勝美，金子豊二（編）（2013）：増補改訂版　魚類生理学の基礎，恒星社厚生閣，272 p.

岩井　保（2005）：魚学入門，恒星社厚生閣，219 p.

板沢靖男，羽生　功（編）（1991）：魚類生理学，恒星社厚生閣，621 p.

岩井　保（1985）：水産脊椎動物学 II 魚類（新水産学全集 4），恒星社厚生閣，336 p.

13章

魚類の行動

13･1　水族館に生きる魚の聴覚

自然界に生息する魚は，目の前に現われた餌生物の存在や，忍び寄る危険な捕食者の存在などに対して瞬時に反応しなければ，生き延びることはできない．こうした過酷な環境下では，研ぎ澄まされた感覚で刺激を受容し，瞬時に反応する生得的行動をとる場面が多いことが予想されるのに対し，水族館の中で長期にわたって飼育された結果，人工的な環境に馴致した魚は，こうした生死を分けるような場面で本能的行動を示すことは，最早ほとんどない筈である．そこでは本来は関心を示さない筈の物音や捕食音，あるいは人の影などの刺激を頼りに“餌やり”を待つ，習得的行動が主となっている筈である．水族館の魚はこうした音をどのように聴いているのだろうか．

1）水中音と聴覚閾値

水中音は，音圧の疎と密な部分で構成される圧力波と，水の微細な粒の振動が衝突を繰り返して伝搬する水粒子変位に大きく分けられ，魚は前者を内耳で，後者は側線で感知している．ヒトには側線がないことからもわかるように，我々が日常聴いているのは圧力波であり，遊泳に伴う水の擾乱などで生じる水粒子変位感知は魚独特の感覚である．水粒子変位は音源からごく近傍にまでしか伝搬しないが，圧力波は遠方まで到達するため，一般的には聴覚能力は音圧波に対する感知能力で表わされることが多い．魚が音を聴く能力は，周波数（音の高低）に対する聴覚閾値，すなわち音程別にどの程度の音圧で音が聴こえ始めるかを測定することで示される．これはヒトが聴力検査で行っているオーディオグラム測定と同じであり，その測定は古くは放音と給餌による条件付けによる手法で，次いで放音と電激により心拍間隔に見られる変化を指標として測定が行われてきた．その後，ヒト新生児の聴力判定に用いられていた聴性脳幹反応技法（ABR）が魚類に適用されてからは（Kenyon *et al*., 1998），硬骨魚のみならず，軟骨魚やイカ・タコなどの頭足類など，非常に幅広い魚種についてその測定が行われている．ABR 技法は従来の測定で行っていた条件付けの必要がなく，聴音により脳幹部で発生する非常に微弱な電位変化から聴音に伴う反応を得るものであり，電位の記録と処理に多少の技術を要するが，頭皮上に電極を置くだけで導出が可能な測定手法であるため，小型魚から大型魚までさまざまな魚種の測定が進んでいる．図 13・1 にいくつかの魚類のオーディオグラムを示したが，意外にも板鰓類やイカ，更に底生性の魚は内耳の聴覚閾値が比較的高く，感度が悪いことを示している．これに対してマイワシ，マアジ，マダイやマグロなど，遊泳力のある海産魚類は閾値がやや低く，鰾と内耳がウエーバー小骨で連結されているキンギョやコイなど骨鰾類が多く属する淡水魚は，魚類中最も聴覚感度に優れており，魚種により聴覚感度にかなりの開きがある．とはいえ，魚類の可聴周波数域は，感度のよい骨鰾類でもせいぜい数 kHz までであり，大多数の魚類は 1 kHz を越えると急激に閾値が高くなっており，約 20 kHz まで聴くことができるヒトに比べて，可聴域が低い周波数帯に限定されており，その感度も悪い．

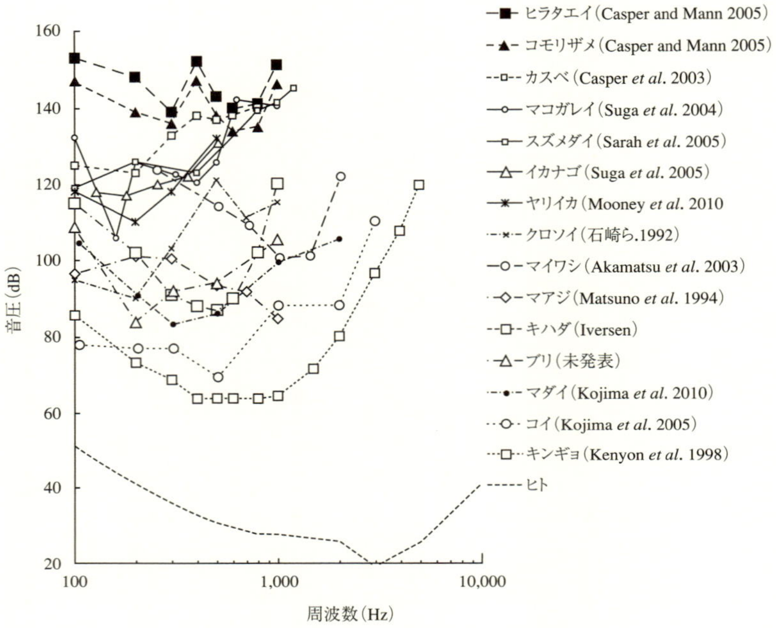

図13・1　いくつかの魚種の聴覚閾値

2) 音の周波数弁別

ヒトに比べて感度や可聴周波数帯域で劣る魚類であるが，水族館の魚はヒトの声の違いまで識別しているのだろうか．ヒトを始め，多くの哺乳動物の内耳にはさまざまな周波数を聴き分けるための蝸牛（かぎゅう）管があり，音色の違いを識別可能である．蝸牛管では，高・低各周波数が到達する距離が異なり，刺激する感覚毛の違いによって周波数弁別が行われている（図13・2）．これに対して魚類には蝸牛管がないため，複数の周波数からなる音色を聴き分けることはできないと考えられてきた．しかしキンギョが条件付けされた2周波数に反応したことから，魚にも少なくとも2つの周波数を弁別する能力があることが示されている（Fay, 1992）．しかし，夥しい数の周波数から構成される複雑な音色をヒトのように詳細に聴き分けているかは不明である．とはいえ，魚類は外敵や餌生物が発する音に対して反応することで，逃避や捕食行動を瞬時にとり，生き延びてきた筈である．図13・3はウグイがペレットを摂餌する際に発した音を周波数分析した結果である．摂餌音はさまざまな周波数成分，特に1,000 Hzを上回る周波数帯を多く含む非常に複雑な音であることがわかる．図13・1のオーディオグラムでは，多くの魚が1,000 Hz以上の周波数帯で感度が極端に低下しているが，摂餌音に含まれる高い周波数成分が，捕食時のどの行動から発せられたものであるかを確かめるため，ペレットをすり潰してペースト状にしたもの，およびペレットの煮出し汁（熱水抽出液）を作り，これらを水槽に投入したところ，ウグイは固形ペレットの時と同様に，興奮して跳ねまわった．その際発せられた音を分析した結果が，図13・4である．ペースト状にした餌の摂餌音からは，ペレット摂餌時に見られた，5,000～10,000 Hzの成分が減少し，液体化した餌の場合は，この周波数帯の成分がさらに小さくなった．ペースト状餌

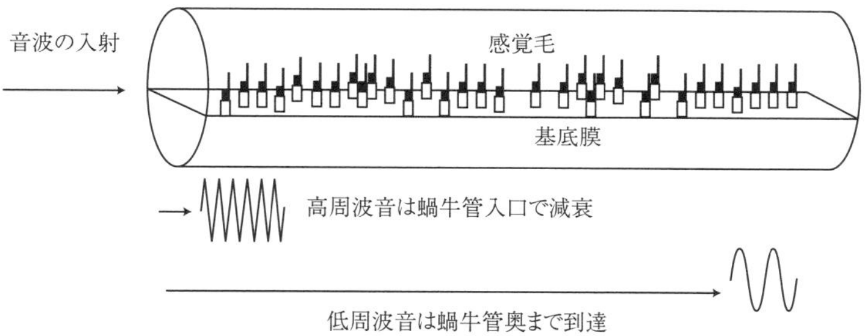

図13・2　蝸牛管を伸展した模式図

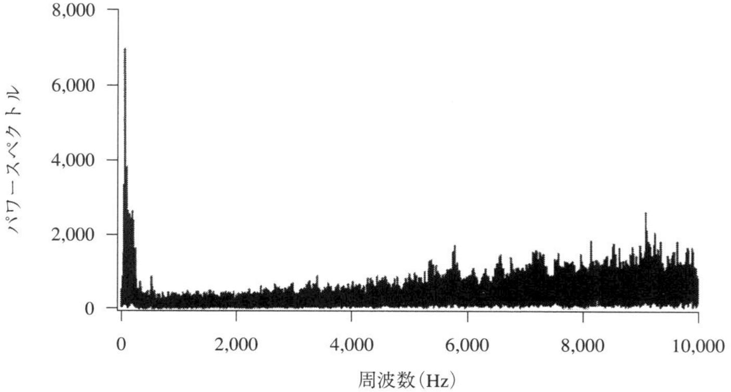

図13・3　ウグイのペレット捕食音の周波数分析結果

および液体状餌に対する反応で見られなくなった周波数帯の音は，ウグイがペレットを噛み砕く際に発した，“バリバリ”といった音であると考えられる．3種の餌捕食時のいずれにも含まれていたのは100 Hz付近の成分であるが，これはウグイの遊泳，もしくは摂餌（せつじ）時の顎の開閉運動に伴って発生した音と思われる．これら3種の音を，水中スピーカーからウグイ魚群に向けて再生放音したところ，ペレット摂餌音の放音時のみ，餌を探しまわるような行動が見られ，ペースト状および液体状餌を摂取した際の音を放音しても，このような行動は生じなかった．ウグイが複雑な合成音である摂餌音の中から，100 Hz付近と数千Hzの音の違いを識別しているため異なった反応行動を示したものと考えられ，魚は複雑な音の中から特定の周波数を聴き分けることが可能かもしれない．もしそうならば，飼育員の声音の違いや，館内で流れていることの多いクラシック音楽も実は“聴こえている”のだろう（Chase, 2001）．我々人間はクラシック音楽を聴

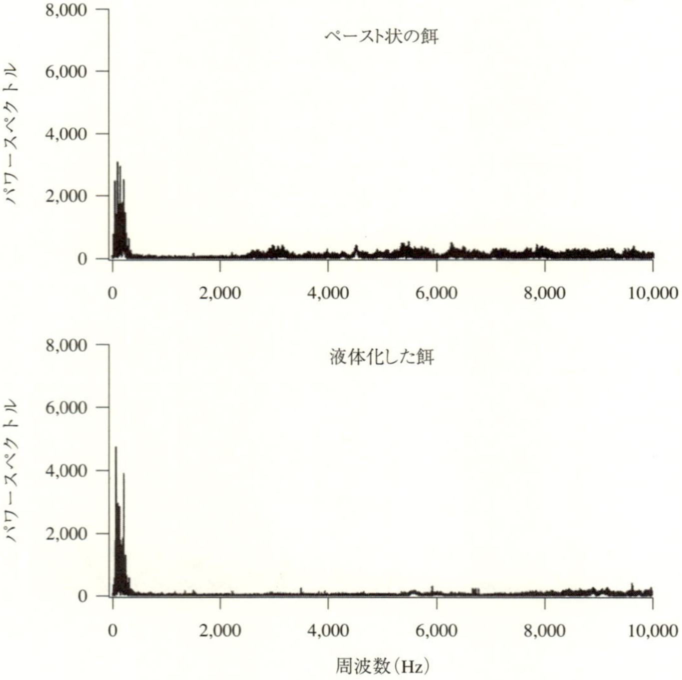

図13･4　ペレットをペースト状（上）および液体化した餌（下）捕食時の周波数分析結果

くことで心癒されることが多いが，これは楽曲に含まれる周波数成分がヒトのもつ生体リズムとほぼ同じく，周波数(f) に対するパワースペクトルの傾きが 1/f になることが心地よさを生み出しているとされている．もし魚に周波数弁別能力が備わっているのであれば，クラシック音楽の音色も認識することができるであろうし，水族館の入場者用に流れているクラシック音楽が実は，魚を良好な心理状態にする効果を有していることになるかもしれない．

哺乳動物より内耳の聴覚感度が悪いとされる魚類であるが，実は聴覚閾値を下回る音や，高い周波数音も聴こえている可能性があり，飼育時には音に十分注意を払う必要があるといえるだろう．（小島隆人）

13・2　魚類の繁殖行動

繁殖行動は生物にとって自己の子孫を効率よく残すための重要な活動である．脊椎動物である魚類は有性生殖であるため，雄は精子を，雌は卵をつくる．雄は雌に比べて小さい配偶子をたくさんつくるため，多くの卵を受精させることで繁殖成功度を高めようとする．このため多くの場合，雌をめぐって雄同士で闘争が起こる．一方，雌がつくる配偶子は大きく雄に比べて数が少ないため，よりよい雄を選好するようになる．このように単位配偶子へのエネルギー投資量の違いは雌雄の繁殖行動に大きな影響を及ぼすことがわかる．このことから，繁殖行動は“自己の利益（自分の遺伝子をより多くの子孫に伝える）を最大にするための異性または同性個体間で引き起こされる争い“と言い換えられる．このような繁殖行動は多くの魚類でみられることが知られており，“なわばり行動”，“闘争行動”，“求愛行動”，“配偶行動”，“保育行動”に大きく分類される．魚類の繁殖行動を知るためには，その魚類の繁殖特性を理解する必要がある．この章では日本人にとってなじみ深く，最も有名な魚類の繁殖行動のひとつとしてサケ科魚類の例を紹介する．

1）サケ科魚類の繁殖行動

北海道や東北の河川では秋になると，遠いベーリング海で索餌(さくじ)回遊を終えたサケ（*Oncorhynchus keta*）が産卵のために生まれた河川に遡上してくる．河川に遡上したサケは産卵場所を求めて河川の上流域に向かう．この時期にサケが遡上する河川を歩くと産卵行動を行うサケを頻繁に観察することができる．

まず，雌は産卵に適した場所を見つけるために鼻を河床に近づけて，湧水（または伏流水）を探す（探索行動）．適当な場所が決まると雌は尾鰭を使って砂利を掘って（掘り行動）産卵床を形成しはじめる．雌はこの段階になると，産卵床の近傍に他の雌が近づくと噛み付き追い払う行動をみせる（なわばり行動）．尾鰭で産卵床を掘る行動はエネルギーの消費が大きいことが知られている．雌は一生懸命掘り行動をして産卵床をつくるが，雄は産卵床の作製には一切参加せず，その周辺で雌を巡って雄同士で争う（闘争行動）．闘争に勝った雄は雌の後方から小刻みに体を震わせて，雌の産卵床作製を後押しすると同時にアピールを行う（求愛行動）．雌の掘り行動によって産卵床がある程度の深さになると，いよいよ産卵である．サケは体外受精によって繁殖を行うため，配偶子を体外に放出することで受精させる．産卵の準備が整うと，まず雌が産卵床の上で排卵腔を産卵床に近づけ大きく口を開ける（gaping 行動）．それが刺激となり雄は雌の後方からすかさず産卵床の上に入り込んで，体側筋を強く収縮させて腹腔内に圧力をかけて放精する．さらに，この振動が刺激となって雌が放卵を行う（配偶行動）．この絶妙な時間差によって雌は放出された精子の中に確実に放卵し，卵を受精させることが可能となるのである．産卵が終わるとすぐに雌は産卵床に尾鰭で砂利をかけて（埋め行動），他の魚に受精卵が捕食されないようにする．サケの卵は沈性のため，受精卵は形成された産卵床の間隙を通って河

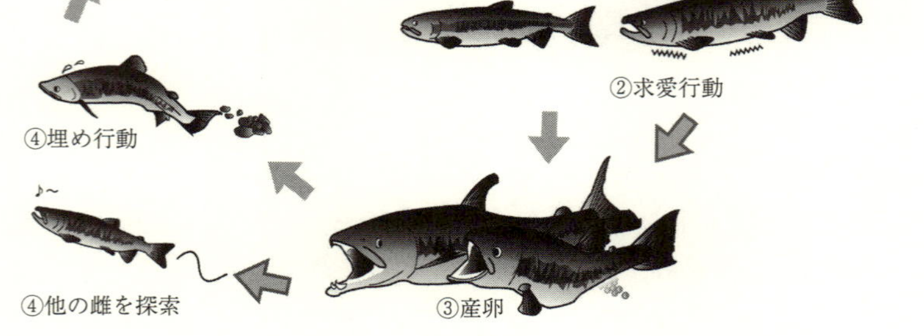

図13・5　サケ産卵行動の模式図

床の数十 cm も下まで落ちていく．一方雄は，産卵が終わるとその雌への興味はなくなり，他の雌を探しにどこかへ行ってしまう．雌は約 3,000 粒の卵をもっているが，このような産卵行動のプロセスを 4～5 回繰り返してほぼすべての卵を放出する．産卵行動を終えたサケは，しばらく，産卵床を守っているが，その後すべての個体が斃死する．これを 1 回産卵（複数年に渡って産卵できる種は多数回産卵）とよぶ（図 13・5）．

2）標津サーモン科学館

このようなサケの産卵行動を展示している水族館が北海道道東の標津町にある標津サーモン科学館である（図 13・6）．この水族館は根室海峡を望む知床半島の付け根の海岸からは国後島が望める場所に位置している．ここは世界に生息しているサケの仲間 18 種 30 種類以上を展示している珍しい水族館である．水族館の横には日本有数のサケ捕獲数を誇る標津川が流れており，産卵行動展示用のサケはこの標津川の河口に設置されたサケ捕獲用施設（ウライ）で捕獲

図 13・6　標津サーモン科学館の外観

されたものを使用している．毎年11月になると標津川と捕獲池を結ぶ魚道に産卵床となる大量の砂利と玉石を敷くと同時に，湧水を模した流れを発生させるためにパイプを埋設して産卵環境をつくる．産卵水槽に雄と雌を入れてしばらくすると，産卵行動がはじまる．この産卵行動はガラス越しに水族館内から観察することが可能である．ここでサケの産卵行動を観察しているとおもしろいことがたくさんわかる．どうもサケの雄と雌で相性があるらしく，産卵までに非常に長い時間がかかるペアや，雌が雄を嫌がって産卵に至らないこともある．また，産卵床をとても慎重につくる雌や，観察窓越しの人間に敏感に反応するサケもいる．このようにサケにも個体ごとに個性があり，細かい行動の違いを観察することができる．ここで学芸員として23年間働いている市村政樹氏はサケに関するプロフェッショナルであり，産卵行動からサケの性格をよく見分けることができる特技をもっている．産卵行動の展示といっても，個性のあるサケがいつ・どのタイミングで産卵するのかを予測することは非常に難しい．しかし，市村政樹氏はこれまでの経験に基づき，産卵行動を観察することで1時間以内に産卵することを高い確率で予測することができる．標津サーモン科学館ではこの予測のもとに，産卵行動が1時間以内に起こることが館内放送でアナウンスされる．運がよければ感動的なサケの産卵行動に遭遇することができるかもしれない（図13・7　カラー口絵）．

（牧口祐也）

文　献

Chase, A. R.（2001）：*Anim. Learn. Behav.*, 29, 336-353.

Fay, R. R.（1992）：*Hear. Res.*, 59,101-107.

Kenyon, T. N. *et al.*（1998）：*Comp. Physiol.*, A182, 307-318.

14章

海獣・鳥類のしくみ

生まれてから死ぬまでのあいだ，多くのもしくは全ての時間を海で過ごす海生哺乳類および鳥類は，海で生きられる体へと進化している．本章では，海洋生活に特化した彼らの体つきや生理機構を解説する.

14･1　移動コストの削減

水の物理特性をみると，20℃のとき水の密度は空気の約824倍，粘度は約56倍ある．つまり水は空気と比べて分子が非常に密で，粘り気がある．したがって水の中では体の表面に水の分子がたくさんぶつかり，しかも水が体にまとわりつくため,同じ形をしていても水の中を移動するのは大変で,多くのエネルギーを使わねばならない．このことは誰でもプールのなかで歩いてみればすぐに体感できる．水の中にすむ生物にとって，この「移動にかかるコスト」を削減できるか否かは死活問題である．なぜならば，餌を捕まえる時にすばやく動けなければ餌に逃げられて飢えてしまうし，移動に膨大なエネルギーを注ぎ込むと他の活動に充てられる分が減り，繁殖などの重要な場面に必要十分なエネルギーを使えず，種としてうまく存続できなくなってしまうからである．

現在，われわれが目にすることができる水生鳥類および哺乳類は，移動コストの削減に成功して生き残ってきた種たちである．移動コスト削減の最大の秘

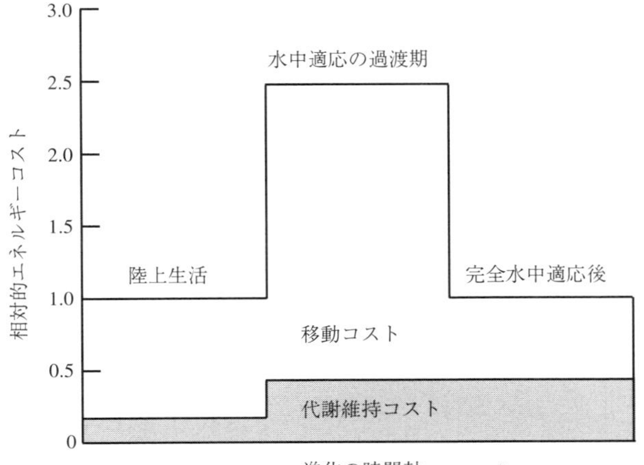

図14・1　鯨類の進化にともなう移動コストと基礎代謝維持コストの変化
完全に水中適応した鯨類では，移動コストを削減して陸上動物と同じ総エネルギーコストを実現していることがわかる（Williams，1999改編）．

訣は体を流線型にすることである．これは水生の鳥類と哺乳類に共通で，遊泳する魚類にも通じる収斂進化の結果である．体を流線型にするために，①体の体幹を魚雷のようにする，②突起物を極力減らす，③抵抗を受けにくい形の四肢にする・後肢をなくす（鯨類，海牛類），④体毛（鰭脚類）や羽毛（鳥類）の流れや形を整える，もしくは体毛をなくす（鯨類，海牛類），などの工夫をしている．こうした進化の結果，彼らは陸上動物が空気中を移動するよりも少ないコストで水中を移動できるようになり，体温を保つために代謝率を上げることで余分にかかるエネルギーと移動コストをあわせた総量は陸上哺乳類と同程度である（図14・1）．

14･2　寒さの克服

水中では空中よりも体温を奪われやすい．水の熱伝導率は空気の約24倍（20℃の時）で，水温よりも体温が高いと，熱エネルギーの勾配を平衡にするように体の熱が水に移動する．海生の鳥類や哺乳類は複数の方法を組み合わせて体熱が奪われるのを防いでいる．体の突起が少ないと水の抵抗が減るのと同時に，体積に対する体表面積を小さくして熱が奪われるのを防ぐ効果もある．また，よく知られているように羽毛や体毛は防寒具である．

1）羽　毛

ペンギンなどの海鳥は羽毛の中に熱伝導率の低い空気を含み，体幹と水を隔てて断熱する．彼らの羽毛は非常に上質であり，根元には細く柔らかい羽枝が並び，先端にいくと固い羽枝が生えている．羽毛は皮膚に高密度に生えており，また羽のふちには突起があり濡れたり水圧がかかったりすると隣り合う羽どうしが密着し，水の浸入を防ぐ．また，尾羽の付け根に尾脂腺という分泌腺をもち，その分泌物をクチバシで羽毛に塗りつけて水をはじかせる．このように海鳥は空気をうまく利用して防寒している．余談だが，コウテイペンギンが水中から氷上や岩にジャンプするとき，上方に向かって泳ぐと羽毛に含まれる空気が細かい泡となって出ていき，体を包み抵抗を減らす効果をもたらすことで高速での飛び出しを実現させているという興味深い仮説が提唱された（Davenport *et al.*, 2012）．彼らは防寒以外にも空気を巧みに利用しているらしい．他にも空気を断熱材として利用している海生動物はアザラシやアシカ，ラッコ，ホッキョクグマなどであり，防護のための外側の粗く長い毛の根元に，1〜数本の相対的に短く柔らかい防寒用の毛が生えており，体毛は二層構造をとる．ちなみに鰭脚（ききゃく）類やラッコの体毛の断面は平たく，流線型を保ち水中での抵抗を減らすのに役立っているといわれている（Yochem and Stewart, 2009）．サイクルはさまざまだが羽毛や体毛は時期が来ると生えかわり，断熱効果が維持される．

2）脂肪層

鯨類や海牛類は防寒のための体毛をもたない．その代わりに，水の 3 分の 1 程度の低い熱伝導率をもつ脂肪の層を体表にまとい，体温を逃しにくくしている．羽毛や体毛の間にある空気は潜水時に高い水圧がかかると押しつぶされて断熱効果が減少するが，脂肪層ならばその心配はない．一生を水中で過ごす鯨類や海牛類は体毛をもつメリットはなく，断熱はもっぱら脂肪に頼っている．寒冷域にすむホッキョククジラの脂肪層（鯨類の脂肪層はブラバー blubber とよばれる）は平均50 cm ほどに達し，動物界で最大の厚さを誇る．ただし厚いブラバーは必ずしも断熱だけに使われているのではなく，脂肪としてエネルギーを蓄積するための貯蔵庫として機能する．熱帯域にすむ鯨種でも薄いブラバーをもつ．また，鰭脚類やペンギンにおいても，深く寒い海に長時間潜水する種や極域にすむ種は厚い脂肪層をもち，二重に断熱している．

3）対向流熱交換システム

鰭脚類や鯨類においてよく研究されているように，鰭（ひれ）や鼻道など水や外気に触れる部分の血管は動脈と静脈が密に接している．動脈で運ばれる体芯部の熱を帯びた血液は末端から戻ってくる冷たい静脈血で徐々に冷やされる．これは「対向流熱交換システム（countercurrent heat exchanger）」とよばれ，鰭や粘膜の表面に到達する動脈血は冷やされて外部との温度差が小さくなり，反対に静脈血は末端から体内部に運ばれるにつれて温かくなるため，熱が奪われたり体幹部の温度が下がったりするのを防ぐことができる．鼻道の対向流熱交換システムは呼気を冷やし，熱とともに蒸気として水分が外に出て行く量を減らす役割も果たす（Huntley *et al.*, 1984）．また水温が低い時には血管を収縮し，体表へ運ばれる血液の量を減らすことで体温低下を防いでいる．

4）餌をたくさん食べて代謝率を上げている？

海生の哺乳類は冷たい水の中にいるため，餌から栄養をたくさん吸収して代謝率を上げなければ体温を保持できない，と考えがちである．実際，鰭脚類や鯨類においては，多くの研究者がそれを裏付ける結果を示している．たとえばWilliams（2001）は，水面で静かにしている時のアザラシとイルカの基礎代謝率は同サイズの陸上の肉食哺乳類の1.6および2.3倍になると計算し，さらに小腸も相対的に長く，より多くの栄養を吸収して水中生活に必要なエネルギー要求量に対応していると述べている．筆者らがバンドウイルカの小腸を組織学的，分子学的に調べたところ，腸の長さは体長の10～15倍ほどあり，またそのほとんどが絨毛（じゅうもう）や栄養素吸収のための分子をもつ小腸で占められていることがわかり，かなりの栄養吸収能力をもつと推測された．しかし，主に鰭脚類において，その基礎代謝量は同じ体サイズの陸上哺乳類と有意に異なるとはいえないとする報告も複数あり（Lavigne *et al*., 1986；Hunter *et al*., 2000），統一的な見解を得るためには今後の研究を待たねばならない．

14･3　驚異的な潜水能力を支える機構

海生の高等動物の潜水能力の高さには驚かされる．例えばエンペラーペンギンは最大500 m，20分間ほど潜ることができる．ゾウアザラシは通常300～600 m，最大1,600 mの記録がある．彼らは絶食と摂餌の期間を繰り返すのだが，索餌（さくじ）をする時期には20分間ほどの潜水のあと息継ぎのために浮上するが，3分間とたたないうちにまた潜って餌をとる，というサイクルをひたすら繰り返す．鯨類のなかで深く潜ることが知られている種はアカボウクジラの仲間やマッコウクジラであり，1,000 m以上，時には90分間におよぶ潜水を行う．潜水をするこれらの動物は酸素の不足と水圧の増大という2つの大きな問題に直面するが，どのようにこれに対処しているのだろうか．

まず酸素の貯蔵について述べると，一般的に，潜水能力の高い種ほど血液量が多い．たとえば体に占める血液の量は，哺乳類では平均7％であるが，ゾウアザラシやマッコウクジラでは10～20％である．したがって，血液が運搬・貯蔵する酸素量も相対的に大きい．また，肺から入り，赤血球のヘモグロビンと結合した酸素は血流にのり骨格筋へたどりつくと，ヘモグロビンよりも酸素結合力の強いミオグロビンへと受け渡される．筋は多くの酸素を貯蔵する場として機能し，長期間の潜水を可能にするため，筋肉中のミオグロビン含量は潜水能力の高い海生哺乳類やペンギン類などで非常に高く（Noren and Williams, 2000；Ponganis *et al*., 1999, 2011），また酸素との結合力も陸上哺乳類よりも優れている（Mirceta *et al*., 2013）．血球を蓄える器官である脾臓（ひぞう）のサイズも大きく，潜水するとこれが収縮し，赤血球を血中に放出する．赤血球の増加は潜水中の酸素の貯蔵量を増加させると同時に，ヘマトクリット値（血液に占める血球の割合）を上昇させ，血液の粘性を高める．すると心臓から拍出される血液の量が減り，組織へと運ばれる血液量が減少し，結果として潜水中に全身で使われる酸素を節約して代謝率を下げることに貢献する（Costa, 2007）．この脾臓の収縮をコントロールするのはノルアドレナリンであり，潜水すると神経末端および副腎髄質（ふくじんずいしつ）から分泌される．ノルアドレナリンは同時に末梢血管の収縮も誘起し，心臓と脳へ血液が集中する血液の再分配も行われる．鯨類ではアドレナリンに比してノルアドレナリンの血中濃度がきわめて高く，また副腎の分泌細胞もきわめて多いことがわかっており，ノルアドレナリンが水中生活に重要な役割を果たしていると考えられる（Suzuki *et al*., 2012）．

水圧の増加は細胞や組織へダメージを与える．空気を含む肺は水圧の増加や減少にともなって気体の体積が変化し，器官も大きく形を変えるため組織のダメージが起こりやすい．しかし潜水する動物の肺はかなり柔軟性に富み，かつ潜水にともなって気体が肺から固い軟骨で構造が守られている気管へと追いやられるため,肺が気体の圧縮や膨張によって損傷することを免れている．しかし，深く潜るマッコウクジラにおいては普遍的に潜水病からくる骨の壊死が認められるという報告があり（Moore and Early, 2004,），潜水が引き起こすダメージを完全には防ぎきれないとも考えられている（Costa, 2007）．

14･4　海のなかで体液浸透圧を正常に保つ

海水の浸透圧（1,000 mOsm/kg）は，哺乳類や鳥類の体液浸透圧（300 mOsm/kg 前後）の約3倍も高い．ある物質の間に浸透圧の勾配があると，勾配を打ち消すように水が浸透圧の低い方から高い方へと移動する．そのため，我々が海に漬かると体の水分が海水へ奪われていく．海水浴をしていると指がしわしわになり喉が渇くのはそのためである．そのうえ，海の中では真水を摂取することはできない．そのような状況でも，海生哺乳類や鳥類は工夫を凝らして体液をうまく調節している．

ペンギンなどの海鳥は，眼の上に「塩類腺」とよばれる塩化ナトリウムを排出する器官をもっている．血中の余剰な塩分は塩類腺細胞の Na^{+}/K^{+} ATPase により一旦細胞に取り込まれ，続いて外分泌により鼻孔に濃縮された塩水として排出され，外へ捨てられる．ペンギンが塩分を排出するときに，頭部を左右に振る「嘴(くちばし)振り」をするが，これは水族館ではよく見かける光景である．なお，塩類腺はサメやエイなどの板鰓(ばんさい)類やウミガメなど爬虫(はちゅう)類にも見られる器官である．一方，鯨類や鰭脚類では塩類腺は見つかっていない．彼らは基本的には腎臓で過剰な塩分を排出していると考えられている．特に汗腺をもたない鯨類や海牛類は汗として塩分を捨てられないため，腎臓に頼るところが大きい．体液浸透圧を調節するための生理学的機構については，ナトリウムを体外へと排出するために重要な役割を果たす物質としてナトリウム利尿ペプチドがあげられるが，イルカでもこのホルモンが脳および心臓で産生されているという報告がある（Naka *et al*., 2007）．また，レニン-アンギオテンシン-アルドステロン系による血中ナトリウム量の調節は鯨類や鰭脚類で確認されている一方で，アルギニン-バソプレッシン系による尿濃縮作用に関しては，特に鯨類で懐疑的であり，陸上哺乳類と異なる機構で水分量の調整をしている可能性があるため，今後の研究が期待される．また，彼らの尿の濃縮能は砂漠にすむネズミやネコほど高くなく，過剰な塩分を捨てるためにはそれなりに水を使う．バンドウイルカでは，多くの陸上哺乳類とは異なり，水を迅速に吸収するのに都合のよいアクアポリンという水チャネルが腸の全域にわたって吸収上皮細胞に分布しており，餌の消化物から積極的に水を吸収していることが示唆されている（Suzuki, 2010）．海生哺乳類は，この餌からの水吸収とタンパク質や脂肪の分解により生じる代謝水にもっぱら頼って必要な水分を確保していると考えられている．

14･5　絶食に耐える

水族館の飼育動物が絶食せざるをえない状況になることは稀であるが，海生の動物達は自然界では絶食することが多い．絶食の期間は種や性別によりさまざまであるが，例えばペンギンは繁殖期や換羽(かんう)期には餌を採らずに絶食する．鰭脚類の仲間も換毛(かんもう)や繁殖のために絶食をする種は多く，とくに鰭脚類のなかでも最大級の種であるゾウアザラシは長期に及ぶ絶食と摂餌の時期を繰りかえすことで有名である．またヒゲクジラ類は大規模な回遊をするが，夏の摂餌（せつじ）期を高緯度海域で過ごし，冬の繁殖期を低緯度海域で餌を食べずに過ごす．

長期間の絶食を行う種は一様に多くの脂肪を体に蓄積するという特徴をもつ．絶食が始まると，脂肪組織に蓄えられた中性脂肪が分解されて脂肪酸となり，骨格筋などに運ばれ，β酸化をうけてアセチル CoA となり，クエン酸回路，電子伝達系を経て最終的には ATP が合成される．これがエネルギー源として細胞のさまざまな活動に使われる．また，中性脂肪の分解に伴ってグリセロールが生成され，これが肝臓に運ばれて糖新生が行われるため，脳の活動に不可欠な糖も補充することができる．また，電子伝達系で水も生成されるため，水分も得ることができる．

海生哺乳類の中でも驚かされるのは鰭脚類の新生児の絶食である．新生児たちは母親から高脂肪の母乳を与えられて体脂肪率を最大 50％近くにまで上昇させる．すると，出産期間中ずっと絶食していた母親が摂餌をするために海岸に新生児を置き去りにして海へと旅立ってしまう．新生児たちは数週間から数カ月におよぶ絶食を行うのだが，その間も脂肪から代謝されるエネルギーを使って成長を続けるのである（Berta *et al*., 2006）．この長期間にわたる絶食をいかに乗り切るのかについては多くの研究が行われている．授乳中に蓄積した脂肪を遊離脂肪酸やグルコースに分解してエネルギーを得るとともに，肝臓と筋肉との間でグルコースと乳酸との間の異化と同化を繰り返す「コリ回路」を積極的に利用することで血糖値を維持すること（Champagne *et al*., 2012），絶食後期にインシュリンによる組織への糖の取り込み刺激が阻害される“インシュリン抵抗性”が誘起されて血液中の糖を保持していること（Fowler *et al*., 2008; Viscarra *et al*., 2011），長期絶食により新血管系のレニン-アンギオテンシン系が活性化し，血中アンギオテンシンⅡ濃度が上昇することがインシュリン抵抗性を誘発すること（Suzuki *et al*., 2013）などが示唆されている．

水族館でしっかりと管理され飼育されている海生の哺乳類や鳥類においては，極限状態に置かれた動物たちが発揮する能力を見る機会はあまりないが，生存競争を勝ち抜いて進化し，身につけた彼らのすばらしい能力に思いを馳せながら動物を眺めてほしいと願う．

（鈴木美和）

文　献

Berta A. *et al.*（2006）：Marine mammals: Evolutionary Biology, 2nd edition., Academic Press, pp.363-415.

Champagne, C. D. *et al.*（2012）：*Am. J. Physiol. Reg. Integr. Comp. Physiol.* 303, R340-352.

Costa, D. P.（2007）：Encyclopedia of Life Sciences, John Wiley & Sons.

Davenport, J. *et al.*（2011）：Mar. Ecol. Prog. Ser., 430, 171-182.

Fowler, M. A. *et al.*（2008）：*J. Exp. Biol.*, 211, 2943-2949.

Hunter, A. M. J. *et al.*（2000）：*Proc. Comp. Nutr. Soc.*, 2000, 103-106.

Huntley, A. *et al.*（1984）：*J. Exp. Biol.*, 113, 447-454.

Lavigne, D. M. *et al.*（1986）：*Can. J. Zool.*, 64, 279-284.

Mirceta, S. *et al.*（2013）：*Science*, 340, 1234192.

Moore, M. J. and Early, G.A.（2004）：*Science*, 306, 2215.

Naka, T. *et al.*（2007）：*Zoo. Sci.*, 24, 577-587.

Noren, S. R. and Williams, T. M.（2000）：*Comp. Biochem. Physiol.*, A 126, 181–191

Ponganis, P. J. *et al.*（1999）：*J. Exp. Biol.*, 202, 781-786.

Ponganis, P. J. *et al.*（2011）：*J. Exp. Biol.*, 214, 3325-3339.

Suzuki, M.（2010）：*J. Comp. Physiol.*, B 180, 229-238.

Suzuki, M. *et al.*（2012）：*Gen. Comp. Endocrinol.*, 177, 76-81.

Suzuki, M. *et al.*（2013）：*J. Exp. Biol.*, 216, 3215-3221.

Viscarra, J. A. *et al.*（2011a）：*Am. J. Physiol. Regul. Integr. Comp. Physiol.*, 300, R150-R154.

Williams, T. M.（1999）：*Phil. Trans. R. Soc. Lond. B.*, 29, 354, 193-201.

Williams, T. M. *et al.*（2001）：*Comp. Biochem. Physiol.*, A 129, 785-796.

Yochem, P. K. and Stewart, B.S.（2009）：Encyclopedia of marine mammals, 2nd edition（W.F. Perrin, B Wursig and J.G.M. Thewissen, eds）, Acadimic Press, pp. 529-530.

15章

飼育下の海獣類における認知研究―「賢さ」を調べる

飼育下の水生動物を対象とした研究にはさまざまなものがあるが，比較的小規模の環境で飼育できる動物と大がかりな飼育設備や装置が必要な動物とでは，実験する場所や方法，そして研究によって解明できることには大きな違いがある．海獣類（鯨類，鰭脚（ききゃく）類，海牛（かいぎゅう）類の総称．広義にはラッコ，ホッキョクグマも含まれる）は後者に属する動物である．本章ではそのような飼育下の海獣類に焦点を当て，行動実験によって種々の知的特性を探るための研究方法や研究例について概観する．

15･1　水族館でできること・できないこと

わが国で飼育下の海獣類を研究できるところは海獣類を恒常的に飼育しているところ，すなわち水族館である．例外的に大学などの研究機関が，混獲されたり衰弱して漂着したりした海獣を保護する目的で一時的に飼育する場合もあるが，通常は，長期的かつ恒常的に海獣類の飼育が可能なのは水族館だけである（一部，動物園も含む）．

水族館では飼育職員（獣医師も含む）が，日々，多大な努力を重ねながら動物の健康を維持し，また，さまざまな訓練によって彼らの複雑な行動を引き出し，公開展示（パフォーマンス）として紹介している．こういった，健康維持のための技術や訓練の手法は，後述する認知実験でも不可欠なものである［水族館における海獣類の健康管理，飼育，訓練などについては村山ら（2010）を参照］．

しかしながら，水族館は研究施設ではないので，水族館のもつ本来の意義や使命を考えると，そこには水族館でできる研究とできない研究とがある．

研究者は「研究」も「実験」も水族館の本来の業務とは異なるものであることをよく心得ておくことが必要で，研究を進めるうえでは水族館の十分な理解と信頼関係を構築するよう心がけることが重要であることはいうまでもない．

15･2　自然な行動を把握する

1）行動の観察

動物は自然な状態の中では実にさまざまな行動を示す．それは時には唐突で，また時には不可思議で，そして実に神秘的でもある．もしかしたら，そこには高い知的特性が潜んでいるかもしれない．そこで，そういった行動の一つ一つを視覚的にとらえ，正確に記録することによって，そのような行動がなぜ起こったのかを知る手がかりを得ることができる．すなわち，行動を丁寧に「観察」することは，その行動の目的や意図の理解やその動物の生態を知る一助となる．しかし，当然のことながら飼育されている空間が限られているため，研究の対象となるのは特定の行動，すなわち呼吸，遊び，遊泳などの個体レベルの行動や，雌雄や親子などの飼育個体間の行動といったようなことに限定されざるを得ない．

観察するのが動物の任意・自由な行動であることは長所といえるが，反面，そのような行動の出現を予測したり再現したりすることは難しく，また，周囲の環境に刺激が多すぎるため，その行動が起きた動因を確定できないなどの短所もある．ただし，「観察」は，要するに研究者は「見ている」だけなので，動物に対する負担は少ない．このため，飼育されている種のほとんどが研究対象となり得る．

行動の観察は生じた行動を目視で記録するほか，ビデオで撮影して，のちにその映像を再生して解析するというのが一般的な方法であるが，これには利点も欠点もある（村山, 2012）．動画で何度もその行動を再生できることは便利で，解析の精度も向上するが，その反面，遠近感が欠落したり，画面外の状況がわからないといった欠点もある．水温や水流も伝わらないし，万一，録画ミスなどあったら目も当てられないことになる．

2）実験的観察

行動観察研究の1つの方法として実験的観察法と呼ばれるものがある．それは飼育されている環境に何らかの人為的な刺激や変化を加え，その環境において特定の行動を誘発させて解析するものである．広い海の中で巣ももたずに生活している海獣類においては，生息している環境自体を人為的に変えることは困難であるが，飼育下ならばそれが可能である．

飼育環境を人為的に操作して動物の行動を引き起こしやすくすることは，ふだんではなかなか発現されないような行動を観察するのに有効である．陸生動物では，チンパンジーの道具利用を調べるのにチンパンジーがよく現れる場所に石を置いておき，その使い方を観察する例などがある．あくまでも変化を与えるのは動物が生息したり行動したりする環境に対してであり（上述のチンパンジーの例では，環境中に石の数を増やしただけ），そのような状況における動物の行動は任意で自由である．動物自体には何も拘束や負担がないので，そこで見られた行動は動物の自然な行動と解釈できる．

さて，では海獣類ではどのような研究例があるだろうか．

①環境エンリッチメントに関する研究

「環境エンリッチメント」とは，単調な飼育環境にさまざまな刺激を与えて，動物に心理的な幸福を与えるための施策である．その究極的な目的は動物がいろいろな行動を起こしやすくすることで，野生にいた時と同じように多彩な行

図15・1　自分が映る映像に注目するホッキョクグマ.（日本平動物園にて撮影）

動を保証してやることである.

水族館における実験として，野生にはさまざまな遊び道具となるものが存在していることを考え，筆者はイルカやアザラシ，セイウチなどに「道具を与える」ことをしたり，また，野生では餌を入手することは容易ではないことを反映させて，イルカやラッコを対象として，すぐに餌が取れないような装置や器具を設定し「苦労して餌を取らせる」ことなどを試み，その行動を解析している（村山ら，2010）．また，ホッキョクグマに鏡や映像を呈示することも（図15・1）環境を改変する手段として実験している.

これらの状況における動物たちの自由な行動を観察し，設置した人工物に対してどのような行動が生じるかを解析することによって，飼育下で野生に近い行動を保証するという目的にかなった，より効果的な方策を講じる一助とすることができる.

②自己認知

鏡に映った像を自分自身と認識できることを「自己認知」という．これは多くの個体からなる群れをつくるうえで，「他者」の対極として「自分」が理解できるということであり，自己認知の能力を有することは高度な知的特性を反映したものである.

筆者はシャチとイロワケイルカにおいて自己認知に関する実験を行っている．自己認知の典型的な実験方法の「マークテスト」では，被験体のからだの一部にマークをつけ（図15・2a），水槽に鏡を呈示し，鏡の前における被験体の行

図15・2　シャチにおけるマークテスト．（鴨川シーワールドにて撮影）
a：マークを塗布された被験体
b：鏡の像を気にする行動．

動を観察する．この実験では鏡を水槽に立てかけているだけなので，それに対する被験体の行動は自由である．鏡の前の滞在時間の割合や被験体が鏡を使ってからだについたマークを気にするような行動があるかを調べることで自己認知の有無が検証できる．

シャチでは2003年から継続して実験を行っているが，鏡を気にする行動が顕著に認められている（図15・2b．投稿準備中）．また，イロワケイルカでは，鏡だけでなく，ビデオカメラを用いて自分自身の行動がリアルタイムでモニター画面に映る映像の呈示も行った．その結果，対照実験（鏡の代わりに板を呈示したり，何も映っていないモニター画面を呈示する）よりも，鏡や自分が映っているモニター画面を見せた場合のほうが，それらの前での滞在時間が顕著に長くなった．このことから，野生では比較的小さな集団しか作らないとされるイロワケイルカでも，社会性を想起させる自己認知が可能であることが示唆された（Murayama, 2011, 2013）．

15・3　認知実験

一般に，多くの個体からなる群れをつくる海獣類は顕著な社会性を有しているものが多いが，それは複雑な認知機構を礎としたものと考えることができ，また，そのような社会性が高度な認知特性をはぐくむと考えられる．

感覚能力や認知機能のような，眼には見えない特性，外見からではわからない機能などは観察によって知ることはできない．また，ある行動がその動物のどのような内的要因で生じたのかを観察で理解することも困難である．したがって，そのような内在的な能力や特性は「実験」して調べるしかない．また，実験には観察によって考えられた仮説を検証するという意義もある．

環境を厳密に統制して種々に条件を絞り込んだ状況で呈示した刺激と被験体の反応の関係を分析することにより，その動物がどのような能力や特性を有しているのかを追求でき，また，行動の引き金となった動因を特定し，認知特性を引き出すことが可能となる．

認知実験は何かを識別したり，選択したりというのが常套的なやり方であるので，高度な訓練技術が不可欠である．また，条件の設定や環境の調整なども必要であるので，そういう研究は水族館（飼育下）でのみ可能といっても過言ではない．

しかし，飼育されているすべての種・個体で実験が可能とは限らない．神経質で，複雑な訓練に適さない種や個体も少なくなく，実験に供する種・個体はその点を吟味して選定しなければならない．実際には，イルカ類や鰭脚類での実験例が多いが，筆者はジュゴンを対象としても実験を行っている．ホッキョクグマは実験遂行上の危険性が高く，認知実験には向いていない．

1）実験の原理

認知実験では，まず「条件付け」を行い，それが獲得（学習）された段階で「テスト」を行うというのが基本的な方法である．テストでは，条件付けで獲得されたことを応用して，類似の刺激や関連した刺激に対してどのように反応するかを検証する．条件付けの訓練はオペラント条件付けを基本としているが，これは，被験体が目的とする行動を自発的に行ったとき，それを強化することにより，もう一度同じ行動を起こしやすくさせるものである（例えば，呈示された選択肢の中から特定のものを選択した場合に強化すると，次も同じものを選ぼうとする）．強化子はサカナの小片などの食物がほとんどであるが，それにホイッスル（犬笛など）やクリッカーなどが 2 次強化子として併用されている．

強化のしかたは，目的とする行動を行うたびに強化する場合と，そういう行動が一定の回数に達した場合やランダムな回数ごとに強化する場合（間歇強化）に分けられるが，筆者の経験では，間歇強化のほうが学習の定着がよい印象がある．

1 つの単純な図形を学習させる場合でも，何度も繰り返し試行を重ねなければ学習は定着しない．そうしてセッションごとに正解率を求め，統計処理の結果なども考慮しながら，学習の到達を判断していく．したがって，学習の達成が確認できるまでにはかなりの試行回数，すなわち長い時間（期間）を要することになる．

2)「比較させる」

認知の実験で比較的容易なのが呈示された刺激どうしの比較である．異なる図形，異なる面積，異なる周波数などといったような，異なる特性をもった複数の刺激を比較させ，そのうちの特定のものを選択させることで，選ぶべき特性（ここの例では形，大きさ，音の高さなど）を学習させることができる．

上記の方法により筆者はバンドウイルカにおいてエビングハウス錯視の有無を調べた（Murayama *et al.*, 2012b）．まず，予め２つの大きさの異なる円のうち大きいほうを選択するよう条件付けを行った．それが学習された後，テストとしてエビングハウス図形（図15・3）を呈示した．エビングハウス図形では中央の黒円はどちらも同じ大きさであるが，被験体は「大きいほうを選択する」ことが条件付けされているので，テスト図形で選択したほうが被験体が「大きい」と判断した図形ということになる．実験の結果，イルカは周囲を小さい円で囲まれているほう（図15・3左）を「大きい」と選択しており，ヒトと同じような錯視を起こすことが明らかとなった．

同様な手法で，筆者はジュゴンにおいて大小の概念を調べたほか（投稿中），キタオットセイではこの比較の方法により音源定位能を測定した（未発表）．

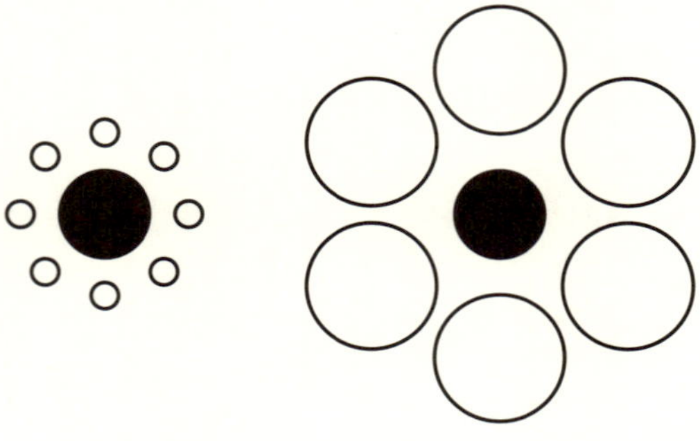

図15・3　エビングハウス図形．中央の黒い円は同じ大きさである．

3） 見本合わせ

認知実験では「見本合わせ」というやり方が頻繁に用いられる．これは，まず「見本」となる刺激を被験体に呈示し，次に，いくつかの選択肢（比較刺激）の中から見本と同じ刺激を選択するものである．被験体が見本と同じものや見本に対応する比較刺激が選択できれば，その行動が強化され，学習が形成されていく．

①同種の見本合わせ

見本合わせには，選択肢の中から見本と同じ形状や属性をもったものを選ぶ，つまり，見本と同種の比較刺激を選ぶという課題がある．例えば，見本でアルファベットのVを呈示し，比較刺激からそれと同じ記号を選択させるような実験（図15・4）である．ただし，被験体が見本のどこを認識したかによって反応も違ってくることや，呈示されている比較刺激は変わらないのに，見本によって強化される「正解」が変わることになるので，実験者にとっても被験体にとっても難易度の高い課題といえる．

この見本合わせにおいては，テストで比較刺激の特徴や属性を変えて呈示し，被験体が条件付けで獲得した事象をどのように応用して選択するかを調べることで，認知の仕組みを理解することができる．たとえば，上述したアルファベットのVを学習後，テストではそれを回転させて呈示し選択させれば，回転図形

図15・4　同種見本合わせ実験．見本と同じ「V」を選択している．（新江ノ島水族館にて撮影）

の認識のし方を把握することが可能である.

②条件性弁別（異種見本合わせ）

見本合わせのさらに高度な段階として，見本とは形状や属性がまったく異なる比較刺激を選択させる方法がある（例えば，見本が「A」の時には比較刺激は「▲」を，見本が「B」の時には比較刺激は「★」を選択というようなこと）．この方法では見本と比較刺激では外見的な特徴や属性が違うので，被験体は見本とそれに対応する比較刺激の対応関係を学習しなければならない．①で述べた「同種見本合わせ」に比べ，格段に高度な学習能力が要求される.

③異なる感覚様式を介した条件性弁別

筆者は条件性弁別の方法に則り，シロイルカで名詞の命名を行った．シロイルカは首がよく動くので，選択行動がわかりやすいイルカである.

実験ではフィン，マスク，バケツ，長グツといった身近な物に音で「名前を付ける」こととした．まず，それぞれの物を被験体に呈示し，各々に対して特定の鳴音を対応させた．すなわち，フィンの呈示には高く短い音，マスクには高く長い音，バケツは短い低音，そして長グツには抑揚のある高い音で鳴かせた（「鳴き分け」）．これらは，視覚刺激の見本に対して，聴覚刺激の比較刺激を対応させる条件性弁別である.

次に，逆に，スピーカーを介してそれぞれの鳴音を呈示し，被験体はそれぞれの音を聞き分けて，各音に対応した物を正しく選べるかを調べた（「聞き分け」）

図15·5　命名実験による選択．呈示音に対応するモノ（ここではマスク）を選択している．（鴨川シーワールドにて撮影）

(図 15・5). つまり, 上述の「鳴き分け」とは逆に, 見本は聴覚刺激で, 選択肢(比較刺激) は視覚刺激である.

最後に, これらの鳴き分けと聞き分けをランダムに混合して行った. その結果, 被験体は呈示された物に対して正しく鳴音を発することも, また逆に, 呈示された鳴音に応じて, 正しく物を選ぶこともできた.

この実験は視覚と聴覚という異なる感覚様式間の対応であり, 高度な学習が必要であるが, 被験体は正確に反応し, それぞれの物について音で「名前を付ける」ことができた (Murayama *et al.*, 2012a；村山, 2012, 2013 に概説). ヒトがモノの名前を言葉で呼ぶのと同じことができたわけである.

15・4　ヒトの認知, イルカの認知

本章では, 飼育下の海獣類における認知機構の解明について, 基本的な実験の進め方を概説してきた. 海獣類の認知に関してはイルカ類を対象とした研究例が突出しており, ここではあげきれないほどの数多くの知見がある (村山, 2012 に概説). そうしたこれまでの知見を総合すると, イルカはヒトと同じような認知のしかたをしている面が多々あるようである. また,「勉強すれば賢くなる」とばかりに, 経験を積むことによって認知機能が発達する事例も報告されている. ヒトもイルカも集団で生活し, 社会的である点が共通していることから, 筆者はそれらの現象を「知の収斂」と考えている.

その反面, ヒトでは簡単にできることがイルカでは非常に難しいこともある. おそらくヒトとイルカの本来の生態の違いを反映したものであろう.

社会性とそれ以外の本質的な生態とが棲み分けられた海獣類の知能は, 脳の機能とも相まって, まだまだ未知な部分が多い.

(村山　司)

文　献

Murayama, T. (2011)：*Saito Ho-on Kai Museum of Natural History, Research Bulletin*, 75, 1-6.

村山　司 (2012)：イルカの認知科学—異種間コミュニケーションへの挑戦, 東京大学出版会, 202 p.

Murayama, T. (2013)：*Saito Ho-on Kai Museum of Natural History, Research Bulletin*, 77, 41-46.

村山　司 (2013)：海に還った哺乳類—イルカのふしぎ：イルカは地上の夢を見るか, 講談社 (ブルーバックス), 238 p.

村山　司ら (編著) (2010)：海獣水族館—飼育と展示の生物学. 東海大学出版会, 252 p.

Murayama, T. *et al.* (2012a): *International Journal of Comparative Psychology*, 25, 195-207.

Murayama, T. *et al.* (2012b): *Aquatic Mammals*, 38, 333-342.

16章

ウナギの生態と保全

16･1　世界のウナギ

1）分　類

ウナギ属魚類（*Anguilla*，以下，ウナギ）はウナギ目 Anguilliformes ウナギ科 Anguillidae に属する，1 科 1 属の魚である．ウナギに近縁なものは，ウナギ目に属するウツボ，ウミヘビ，ハモ，アナゴの類である．一方タウナギやデンキウナギは，ウナギ同様，体がヘビのように細長く伸長しているところからウナギという名前が付いているが，系統的には遠い．ウナギの背鰭と臀鰭は尾鰭につながっていて，後縁の丸い葉形尾となる．対鰭として胸鰭をもつが，腹鰭は欠く．また真皮中に埋没した小判型の小さな円鱗は，体が多量の粘液で覆われているため，一見鱗はないようにみえる．

ウナギは 19 種（3 亜種を含む）に分類される．背鰭始部と肛門の間の距離の全長に対する比によって長鰭型（long-finned form：9〜17％）と短鰭型(shore-finned form：5％以下）に大別される（図 16・1）．長鰭型は 14 種，残り 5 種が短鰭型である．われわれがふつう蒲焼きとして食べているニホンウナギ *Anguilla japonica* は長鰭型に含まれる．もう 1 つの外部形態の特徴は体の斑紋である．わが国にはニホンウナギとオオウナギ *A. marmorata* の 2 種が分布する．このうちニホンウナギには黒色の背中にも白色の腹側にも斑紋はないが，オオウナギには体一面に暗褐色の斑紋がある．19 種のウナギのうち，斑紋のあるのは 8 種，ないのは 11 種である．長鰭型か短鰭型か，斑紋があるかないか，そして上顎の歯帯が広いか狭いかの 3 条件でウナギは 4 群に大別される（図

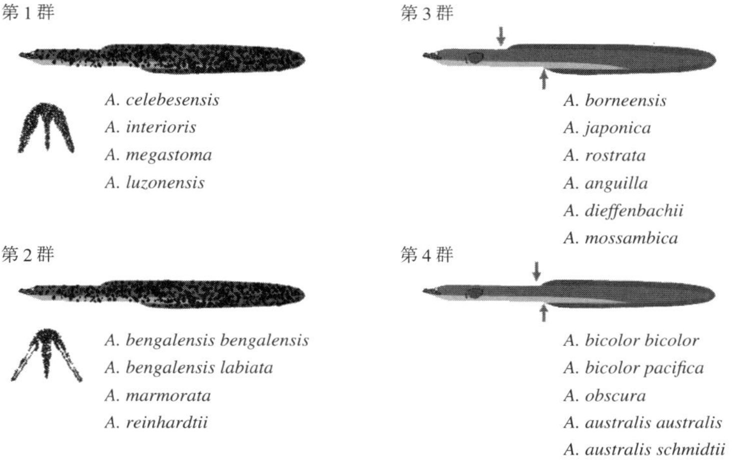

図16・1　ウナギ属魚類の外部形態形質で識別可能な4つのグループ（図：渡邊　俊）
体の斑紋の有無，背鰭始部と肛門間の距離の全長比の大小，上顎の歯帯の広狭により分けられる（Ege, 1939; Watanabe *et al.*, 2004; Watanabe *et al.*, 2009）.

16・1）．それぞれのグループに4〜6種類ずつ含まれるが，ここからさらに1種ずつ区別するには，そのウナギの正確な採集地の情報が必要となる．産地の不確かなウナギは，形態形質のみでは種まで同定することは難しい．そこで細胞の中にあるミトコンドリアDNAの16SリボソームRNA遺伝子の種による違いを利用して種査定する方法が近年開発された．これを用いれば産地が不明でも，またどのような成長段階のものでも，正確にどの種であるか特定することができる．

2）地理分布

世界のウナギの大半は熱帯域に分布しており，亜熱帯以北を成育場とする温帯種はニホンウナギ，ヨーロッパウナギ *A. anguilla*，アメリカウナギ *A. rostrata* などわずか数種類に限られる．すなわちウナギの分布の中心は熱帯にあるといえる．大西洋にはヨーロッパウナギとアメリカウナギの2種のみが北半球に分布する．一方，太平洋とインド洋には17種が熱帯域を中心に南北両半球にわたって広く分布する．中でも南西太平洋のニューギニアから大スンダ列島にかけては7種ものウナギが集中して分布する．ウナギの分布の中心はイ

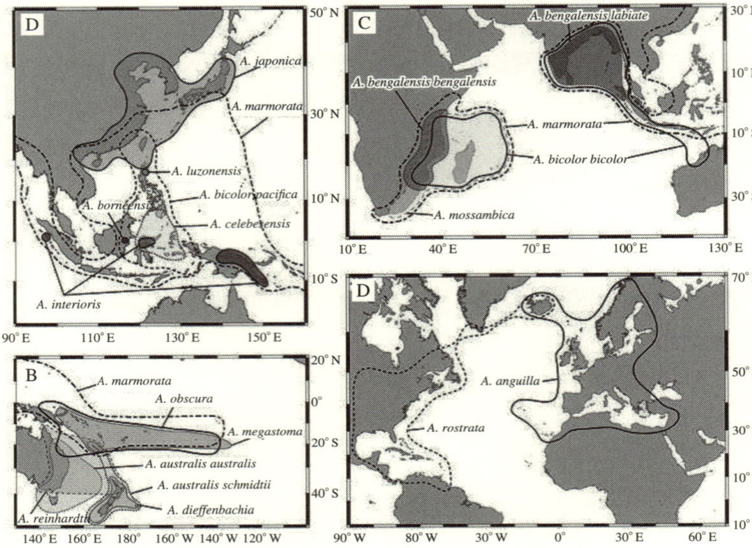

図 16・2　世界のウナギの地理分布（図：渡邊　俊）
A：西部北太平洋とインドネシア海域，B：南太平洋，C：インド洋，D：北大西洋．

ンド洋と太平洋の接点となっている現在のインドネシア周辺である（図 16・2）．

ウナギの地理分布で興味深いことは，原則として各大陸の東岸に分布して西岸には分布していない点である．この原則はユーラシア大陸西岸のヨーロッパにウナギが分布する点と，南アメリカ大陸の東岸には分布しない点を除けばすべてあてはまる．このことは赤道上空の帯状風によって北半球の海では時計回り，南半球では反時計回りの方向に亜熱帯循環が生じることに関係している．つまりウナギの産卵場とそれぞれの種の成育場は，いずれもよく似た海流系によって密接に結ばれている．

地球の熱帯・亜熱帯水域に広く分布するハリセンボンやウミガメの例にみられるように，海流が海洋生物の長距離分散に果している役割は大きい．ウナギもまた仔魚（しぎょ）の分散を海流による輸送に委ねている．亜熱帯循環によって大陸の東岸は赤道付近を通って暖まった水が洗ってゆき，逆に西岸は極地方で冷えた寒流が流れてゆく．熱帯起源と考えられるウナギは熱帯域で産卵し，生まれた仔魚は暖流に乗ってそれぞれの成育場へ輸送されるので，各大陸の東岸に分布するのである．例えばニホンウナギの場合は，西部北太平洋において西向きの北赤道海流と北向きの黒潮によって構成される海流系により仔魚が東アジアへ運ばれる．これと同様に，大西洋のサルガッソー海で生まれるヨーロッパウナギとアメリカウナギの場合には，西部北大西洋の北赤道海流と太平洋における黒潮に相当する湾流が仔魚を輸送する．その他，オーストラリア・ニュージーランドに分布する *A. reinhardti*，*A. australis australis*，*A. australis schmidti*，*A. dieffenbachi* にはオーストラリア東岸を南下する東オーストラリア海流が，またアフリカ東岸とマダガスカルに分布する *A. bengalensis labiata* と *A. mossambica* にはアガラス海流がそれぞれ対応している．亜熱帯循環を構成するこれらの海流系は特に温帯種のウナギの分布と回遊に強く関係している．

16･2　生活史と回遊

1）生活史

ウナギは海で生まれ, 川で成長する降河回遊魚である（図 16･3　カラー口絵）．産卵場は外洋にあり，ここで生まれたウナギの仔魚は海流で輸送され，沿岸域までやって来る．仔魚はレプトセファルス（leptocephalus：葉形仔魚）とよばれる，透明で柳の葉状の偏平な幼生となる．親から貰った栄養を吸収して外界の餌を食べるようになるまでの幼生は前期仔魚にあたり，特にプレレプトセファルス（preleptocephalus）とよぶ．プレレプトセファルスの期間は短く，ニホンウナギの場合，孵化（ふか）後およそ 7 日間である．これに対してレプトセファルスの期間は長く，およそ 3 カ月から 6 カ月で，1 年前後も続く種もある．50～70 mm に成長したレプトセファルスはやがて変態を始める．2～3 週間かけて変態し, 透明なシラスウナギ glass eel となる．体に黒色素が発現してクロコ（elver）とよばれる発育段階になると川へ遡上して，河川や湖沼に定着する．定着期のウナギは黄ウナギ（yellow eel）とよばれ, 川や湖で 5～15 年成長する．その後，成熟が始まると体にグアニンが沈着して銀化（ぎんけ）変態が起こり，銀ウナギ（silver eel）とよばれる段階になる．銀ウナギは川を下り，河口から外洋の産卵場を目指して回遊を始める．産卵回遊を始めたウナギを下りウナギということもある．産卵場に到着して産卵を終えるとウナギはその一生を終える．このようにウナギは発育段階によってさまざまな呼称をもつ．また，その生活史は外洋の繁殖場と淡水域の成育場の間の回遊過程の中に組み込まれているといえる．したがってウナギの生活史はその回遊の理解なしには語れない．

2) 回　遊

ウナギの産卵は海で行われるが，実際に産卵場が特定されている種は多くない．全長10 mm前後の小型レプトセファルスが採集されることで，おおよそ産卵場がわかっているものは，ニホンウナギ（マリアナ諸島西方海域），オオウナギの北太平洋集団（マリアナ諸島西方海域），ヨーロッパウナギ（大西洋サルガッソ海），アメリカウナギ（大西洋サルガッソ海），ボルネオウナギ*A. borneensis*（セレベス海），セレベスウナギ*A. cerebesensis*（セレベス海とトミニ湾）と数種に過ぎず，大部分のウナギの産卵場は推測の域を出ない．バイカラウナギ*A. bicolor*のように，何処で産卵しているのか想像さえできないウナギもいる．ニホンウナギの場合は，卵やプレレプトセファルス，それに親ウナギまで採集されていて，産卵場問題は完全に解決されているといってよい．さらに長年の調査研究の結果，推定産卵場の中のどの地点で産卵が起こるか，10 km四方の精度で予測することも可能になっている．

一般に，熱帯にすむウナギの産卵場は成育場から数十～数百km と近く，温帯にすむウナギのそれは2,000から数千km と遠い．ニホンウナギの回遊を例にとると，グアム島の西約100 km を南北に走る西マリアナ海嶺南端部の海域が産卵場で，ここが本種の回遊の起点となる（図16・4　カラー口絵）．産み出された卵とそれに続くプレレプトセファルス，レプトセファルスは，まず北赤道海流でゆっくり西に運ばれ，変態の開始と前後して黒潮に乗り換える．おそらく黒潮中で変態を完了し，シラスウナギになると海流から降りて，河口に向かって回遊する．それまでの受動的回遊から，自力で泳ぐ能動的回遊への転換である．河口に到着すると，潮の干満を利用して河口感潮域の最奥部まで遡上する．産卵場から東アジアの河川まで片道およそ2,000～3,000 km の回遊である．河川で定着期を過ごしたあと，海の産卵場に帰って産卵するが，そのルートはまだよくわかっていない．最近のポップアップタグの放流実験の結果によると，東アジアから産卵回遊に出発した親ウナギは一旦黒潮に乗って北上するらしい．やがて黒潮を東に横切ると亜熱帯循環のショートカットを利用して南下し，産卵場に到達するのではないかと考えられている．つまり，ニホンウナギの回遊の往路と復路は異なっており，丁度フィリピン海プレートの縁辺をなぞるように展開されるのではないかと想像される．

16･3　行動と適応

1）皮膚呼吸

ウナギは泥の中から発生するというアリストテレスの「ウナギ自然発生説」の起源は，海と連絡のない山上の池や湖が干上がったとき，自然に湧いてきたとしか思えないくらい大量のウナギが出てくることにあったのではないかと思われる．これは海からやってきた稚ウナギが湿った地上を這って移動し，山上の池にすみついたもので，ウナギが空気中でも驚くほど長時間活動できる能力のあることを示す例である．水の中から取り出すとすぐ死んでしまう通常の魚の常識からは到底考えられない超能力である．

ウナギが空気中でも長時間生きていられるのは，皮膚呼吸が発達しているためである．通常の魚は鰓（えら）でガス交換して酸素を取り込むが，ウナギの場合は鰓だけでなく体表からも酸素をとって利用する．皮膚呼吸による酸素摂取量が全呼吸の 6 割以上にもなることがあるという．それを可能にしているのは，体表に分泌される多量の粘液である．一般に魚の鱗（うろこ）は，外部からの物理・化学・生物的刺激に対して体表を防護する役目をもつが，ウナギの場合，鱗は退化して小さな小判型の鱗が皮下に埋没している．その代わりに，表皮に粘液細胞が発達して，多量の粘液を分泌して体を保護する．と同時にこの粘液を通じて空中の酸素が体内に効率よく取り込まれる．さらにウナギは他の魚に比べて，低酸素環境に強いことも特筆される．ウナギの特徴にもなっているぬるぬるの粘液が，陸上における皮膚呼吸と体の保護の役目を果たし，陸上の長距離移動を可能にする．

2）浸透圧調節

ウナギは海と川の間を回遊するため，環境の塩分の変動に強い耐性をもつ広塩性魚である．すなわち，体液の浸透圧を調節する能力が高く，体内の浸透圧を海水のおよそ 3 分の 1 の塩分に当たる値（300 mOsm）に保つための浸透圧調節能が発達している．海水中では体液より高い浸透圧の環境にいるので，魚体から水分が失われ，体液の塩分濃度は高くなる．逆に淡水中では，体液の浸透圧のほうが高いために，魚体内に水分が浸入して体液の塩分濃度は薄まっていく．したがって，海水，淡水どちらにいても，エネルギーを使って体液を一定に保つための努力をしている．つまり海水中では脱水を抑え，失われる水分を補うために海水をさかんに飲み，水と塩類を消化管から吸収する．このとき，過剰な塩類は鰓や腎から排出する．淡水中では過剰に浸入してくる水分を多量の低張尿を排出することで外界へ出し，鰓から塩類を取り込んでいる．

シラスウナギが接岸から河口を通って淡水の河川に遡河する際，海水型の浸透圧調節機構から淡水型のそれに切り替えなくてはならない．その役目を担っている主要な部位が，鰓に分布する塩類細胞（chloride cell）である（図16･5）．この細胞は鰓弁（さいべん）上にあり，海水中では塩類を活発に排出する．淡水中では塩類の排出を抑えるため，その活動は縮小される．一方，鰓の二次鰓弁上にもう1

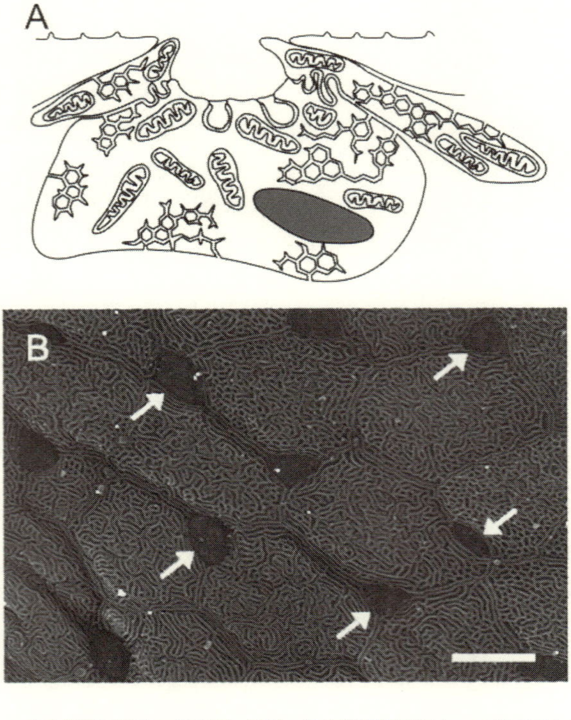

図16･5　A. 海水型塩類細胞の模式図．通常，海水型塩類細胞は1〜2個のアクセサリー細胞を肩に乗せている．B. 海水に馴致したウナギの鰓の走査型電子顕微鏡像．鰓表面の大部分は指紋状構造をもつ被蓋細胞（呼吸を担当）で覆われている．塩類細胞の頂端部が被蓋細胞の隙間に見られる（矢印）．塩類細胞の本体はその下に隠れている．バーは5 μm（図版：金子豊二）．

つ別のタイプの塩類細胞のあることがウナギやサケで近年みつかり，淡水中で活性化することがわかった．

レプトセファルスの時には，体液浸透圧は約400 mOsmと稚魚や成魚よりやや高めに保持されているが，これにも体表全面にびっしりと分布する塩類細胞が浸透圧調節に関与していると考えられている．体液が外界の海水より低張に保たれていることで，体の比重が小さくなり，結果として塩類細胞は浮力調節の役目も果たしていることになる．変態が終わってシラスウナギになると体表の塩類細胞は消え，鰓に集中分布するようになる．

生活史の項ではあたかも全ての個体がシラスとして接岸後，河川に遡上するように説明したが，接岸後必ずしも淡水域へ遡上せず，一生を海域や河口汽水域で過ごすウナギ（海ウナギ sea eel）のいることが近年発見された．これはウナギが広塩性魚であり，また次項で説明するウナギの深海魚起源を考えれば，むしろ当たり前のことであり，先祖返りのような現象と理解することができる．事実，ニホンウナギやヨーロッパウナギ，あるいはその他の温帯ウナギについて調べてみると，意外に高い割合で海ウナギの存在することがわかってきた．また同一種内でも分布域の内，高緯度にいくほど，この海ウナギになる割合が高くなることもわかった．この海ウナギと通常の河川に遡上する個体（川ウナギ river eel）は同一種であり，河口に高密度で集合したシラスウナギの中から，偶発的に海ウナギと川ウナギに分化していくものと考えられている．

3) 銀　化

ウナギにおける銀化（silvering）も，サケ類の稚魚が川を下る際に行う銀化変態（smoltification）と基本的に同じ生理生態的な意義をもつ．すなわち海洋生活への適応である．形態的な変化として腹側にグアニンが沈着して金属光沢をもつようになる．これは下から狙う捕食者に対して，より明るい海表面をバックにした場合のカウンターシェイディングとして働き，見つかりにくい．眼径が大きくなって，網膜の明暗感覚に感度のよい桿体（かんたい）細胞（rod cell）が発達し，深い海の弱光環境への適応が進む．また鰾（うきぶくろ）の膜が肥厚して丈夫になり，鰾内のガスを調節する赤腺が著しく発達する．これは外洋を日周鉛直移動しながら産卵回遊を行う親ウナギにとって，浮力調節の機能を高めるものと考えられる．そのほか，長い回遊に必要な，バランスをとるための胸鰭が大きくなったり，餌を摂る必要がなくなるためと浸透圧調節能の昂進のために，消化管壁が薄くなったりするなど，さまざまな変化が銀化に伴って起こる．浜名湖水系のニホンウナギの例によると，銀化サイズは雌で平均約70 cm，雄で約50 cm，銀化の年齢は雌で約9歳，雄で約5歳である．

サケマスの稚魚の銀化では甲状腺ホルモンの関与がわかっているが，雌の親ウナギの場合には，銀化に伴い下垂体において甲状腺刺激ホルモンの顕著な変化は見られなかった．またプロラクチンやソマトラクチンの変化も不明瞭であったが，生殖腺刺激ホルモン（FSHβとLHβ）の上昇と成長ホルモンの減少が確認された．さらに銀化に伴う性ステロイドの変化を検討してみると，エストラジオール17β（E2），テストステロン（T），11-ケトテストステロン（11-KT）は全て増大した．中でも11-KTの銀化に及ぼす影響は大きく，11-KTを投与すると，眼径は大きくなり，消化管壁は薄くなり銀化が進んだ（以上，須藤学位論文，東京大学）．これらのことはウナギにおける銀化が強く内分泌支配を受けていることを示している．

ウナギの場合，銀化はよく初期の成熟と平行して進むため，銀化の進行度で成熟度を議論することがある．しかし，両者はリンクしてはいるが，本来全く別の現象として別々に扱った方がよい．銀化とは，厳密に考えれば単に体の外観が黒ずんで銀色の金属光沢を放つようになる外部形態の変化のことである．それに伴って，眼が大きくなり，胸鰭が黒ずんで大きくなることである．体の内部で起こる消化管や鰾の変化は付随的なものに過ぎない．まして生殖腺の成熟の進行状況はウナギの種によっても大きく異なるので，海洋における産卵回遊の準備としての外観の変化である銀化と繁殖のための成熟の進行ははっきり区別して考えたい．いらご研究所の岡村らは，ウナギの銀化の進行度を客観的に示す銀化インデックスを考案した．胸鰭の色素沈着状況と体側部分の背・腹の境界の明瞭さによって，黄ウナギをY1とY2，銀ウナギをS1とS2の計4段階に分けている（図16・6　カラー口絵）．こうした客観的なインデックスで銀化度合いをはっきりつかみ，ウナギの産卵回遊生態の研究を進めることが肝要である．

4）成　熟

温帯にすむウナギの産卵場は，陸水から何千kmも彼方の外洋にあるために，親ウナギは生殖腺がきわめて未熟な状態（生殖腺指数GSIが2前後）で産卵回遊に旅立つ．一方，熱帯のセレベスウナギは産卵場が比較的近いところにあるので，河川を下って海に帰ろうとするとき既にかなり成熟が進行している（GSI 10前後）．ニホンウナギの場合，場所により違いはあるが，旅立ちの時のGSIは概ね2〜3程度である．

旅立ちの年齢や体サイズは銀化時のそれらと同様，性により異なる．雌の方がより高齢，大サイズで銀化し，産卵場へと旅立つ．雌が卵を1つ作ろうと思うと，雄が精子1つを作るより遥かに大きなエネルギーがいる．したがって生涯に一度の産卵の際に，少しでも多くの子孫を残すためには，雄雌で成長，成熟，回遊，繁殖など生活史の在り方が当然違ってくる．つまり，雄は小さいサイズで成熟を始め，若齢で旅立ち，早く繁殖に参加した方が効率がよい．一方，雌は大きな卵を少しでも多くもって繁殖に臨むほうが有利なので，ゆっくり時間をかけて成長し，十分にエネルギーを蓄えたのち高齢で成熟を開始し，回遊，産卵したほうが多くの子孫を残せる．つまり雄はライフサイクルを早く回転させ，雌はじっくりと回している．同一種でありながら雄雌別々のサイクルで生きているのである．それぞれ異なる場所で成長し，両者の接点は唯一産卵場における繁殖のときだけである．

前述の須藤らは，11-KTをニホンウナギに投与してその行動を観察したところ，非投与群に比べて巣穴から頻繁に出て活動する個体が多く，また水槽の上層をふらふら遊泳する個体数が増えたことを観察した．この上層遊泳は，鳥が渡りの前に示す，夜間も休むことなくバタバタと活動するnightrestlessnessの行動に相当する．すなわち11-KTによってウナギの成熟が促進され，同時に回遊の動因（drive）も上昇したものと思われる．回遊前の活動度の上昇は，特に新月期に顕著に見られる．

ウナギを人為的に催熟するとき，普通はサケ脳下垂体などの外因性ホルモンを投与する．ホルモン投与なく，自然環境条件の操作のみで成熟が進んだ例はこれまで少なかったが，近年いくつか事例が増えた．ニホンウナギの飼育水温を25℃から15℃へ低下させると，生殖腺刺激ホルモン（FSHβとLHβ）の発現量が減少し，ステロイドホルモンのE2と11-KTが増大した．また水温低下でGSIは有意な増大は示さなかったが，卵径は有意に増大し，油球の蓄積が進んだ（以上，須藤学位論文）．一方，5℃と15℃の間の日周変動水温を与えたところ，3カ月でGSI値が8.3まで進んだ（いらご研究所・三河ら，未発表）．これらのことは，ホルモンを使わず，自然条件の操作によってウナギを催熟できる可能性を示しており，完全養殖技術の開発において，良質な産卵親魚と受精卵を得るためのヒントとして重要である.

16･4　起源と進化

1）分子系統樹

ウナギ目の魚は，現在19科146属820種が報告され，深海から淡水まで，世界中のさまざまな生息域に広く分布している．しかし，繁栄するウナギ目19科の中で，ウナギ科ウナギ属の19種のみが淡水に遡上する降河回遊魚で，他は原則として海水魚である．ウナギ目の中でこうしたユニークな生態をもつウナギがどのようにしてこの地球上に現れたか，その起源と進化の道筋が最近の分子系統学によって次第に明らかになってきた.

ウナギ目の全19科を網羅して世界中の海から計56種のウナギ目魚類を集めてミトコンドリアDNAの全長配列（約16,500塩基対）を決定し，その比較解析からウナギ目魚類全体の進化の歴史を再構築してみたところ，ウナギは外洋の中深層（海底から離れた水深200〜3,000 mの層）に生息する祖先種から進化してきたことがわかった（図16・7）．形態の類似からこれまでウナギに近縁なものはアナゴやウツボ，ハモなどであろうと思われていたが，体が真っ黒で形態的に似ても似つかないノコバウナギやシギウナギ，あるいはフクロウナギやフウセンウナギなどの深海魚が最も近縁な種であることがわかり，ウナギがこれら外洋性深海魚の共通祖先から派生したことが明らかになった.

もともと沿岸にいた外洋中深層性種の祖先種は，沿岸で繁栄していたウツボやウミヘビに追われて外洋の中深層にその生活の場を移したらしい．そこでシギウナギやノコバウナギとの共通祖先種が現れ，ここから淡水に遡上するウナギの祖先が現れた．外洋中深層から淡水へのこの劇的な生息域の変化には，まず外洋から沿岸への回帰の問題があり，水圧や浸透圧の壁もあったはずである．しかし，回帰の問題は浮遊適応したレプトセファルスによる偶発的な沿岸域への分散で説明できる．レプトセファルスは比較的表層近くに浮上して来るので，水圧の問題もあまり考えなくてよいだろう．さらに浸透圧の問題も，体液と等張な河口汽水域でしばらく体を慣らせば，広塩性を身につけ，やがて淡水で暮らすことにも適応できるだろう.

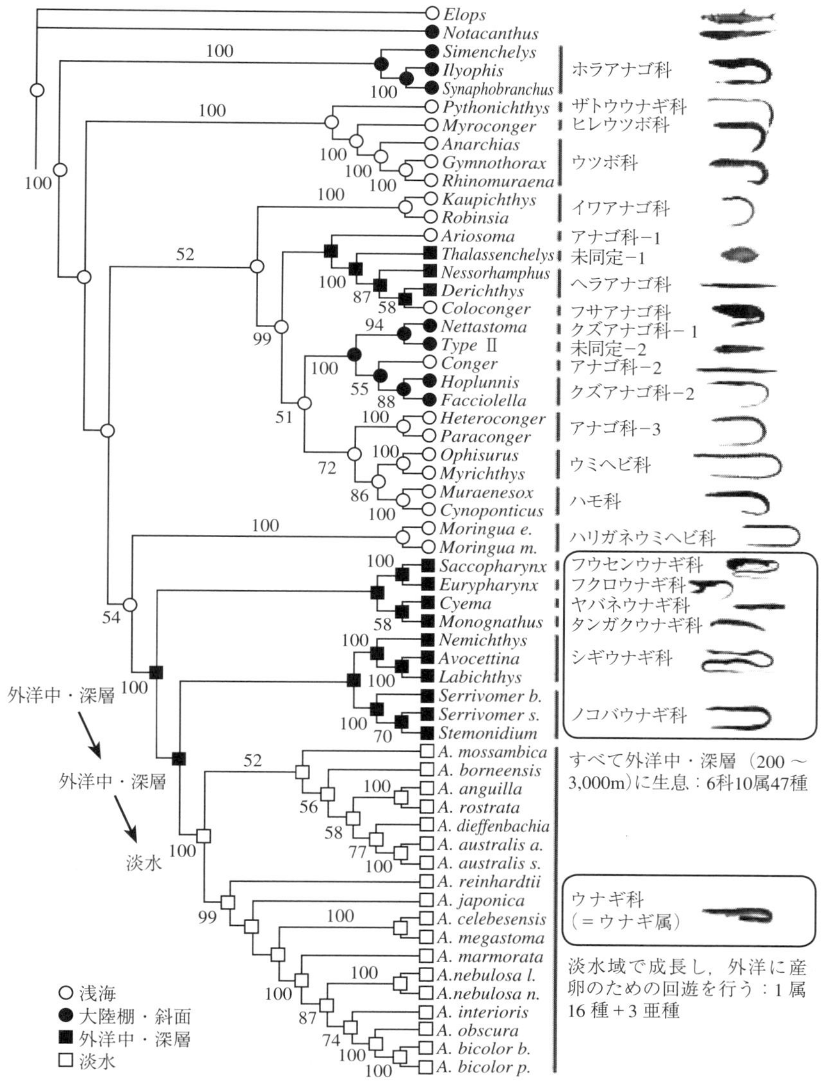

図 16･7　ウナギ目魚類 56 種のミトコンドリアゲノム全長配列を用いて推定された最尤系統樹（Inoue *et al*. 2010）．数字は 1000 回の試行に基づくブーツストラップ確率．現生種の生息場所（浅海／大陸棚・斜面／外洋中・深層／淡水の 4 つに分類）に基づき，祖先の生息場所を最尤法を用いて再構成した．

2）ウナギの「イブ」

この地球上に初めて現れたウナギの「イブ」の話を，最近のウナギ産卵場調査の成果や分子系統学の解析結果を基に想像してみると次のようになる．イブの祖先は，熱帯の深い海で暮らす中深層性ウナギ目魚類であった．今から数千万年前，その親から生まれたイブたちはレプトセファルス幼生になって海流に流され，たまたまボルネオ島の近くまでやって来た．やがてイブたちは変態してシラスになり，サンゴ礁に漂着した．しかしそこには，既に先住のウツボやウミヘビが多数生息し，イブたちはニッチを見つけることができなかった．先住者に追われ，イブはボルネオ島の川の河口に逃げ込み，生きながらえた．川の淡水環境に慣れると，外敵はいないし，餌はたくさんあったので，イブは大きく成長した．大きな卵をたくさんもったイブは，親の住んでいた深い海に回帰して，産卵した．イブの子供たちは，淡水に入らず海に残った親たちの子供より，数も多く栄養状態もよかったので，たくさん生き残り，またイブのように川に遡上した．こうした回遊行動が選択されて広がり，イブの子孫は一生の内に海と川を行き来する降河回遊性のウナギになっていった．つまりウナギの大回遊は，餌が豊富な熱帯・亜熱帯の淡水域で十分に成長する一方で，遠い昔から慣れ親み，安心して産卵ができ，しかも外敵が少ない外洋の深海を利用するという，2つの異なる環境特性を最大限に利用するために進化してきたものといえる．

16･5　資源と保全

ここ30年で，ウナギの生態や生理の研究は大いに進んだ．しかし，ウナギの資源は今，未曽有の危機に直面している．1970年前後をピークに，40年以上も減少の一途をたどり，盛時の5％にまで減ってしまった．特にこの4年間の大不漁によって，養殖用の種苗に使われるシラスウナギの価格が高騰し，これを入手できなくなった養鰻（ようまん）業者が次々に廃業している．蒲焼きの材料となる活鰻の値上げに耐えきれず，ついに店じまいする老舗の鰻屋も出てきた．2013年2月には，環境省がニホンウナギを絶滅危惧種に指定した．こうした状況の中で，研究者たちはこれまでのようにのんびり腰をすえてウナギの基礎研究だけしているわけにはいかなくなった．今はウナギの保護活動や人工シラスウナギの量産技術の実用化研究が緊急課題となった．日本人がこよなく愛するウナギ蒲焼きの食文化を絶やさないために，私たちはこれからウナギとどのようにつきあっていくのがよいのか，真剣に考えるときが来た．

減った原因は明らかに獲りすぎである．これだけ資源状態が悪くなったら，天然ウナギを1匹でも多く，マリアナ沖の産卵場に帰してやることをまず考えなくてはならない．鹿児島，宮崎，熊本，愛知の各県では既に天然ウナギの漁獲禁止が法制化されているが，他県も早急にウナギ保護に動いて欲しい．天然ウナギは獲らない，売らない，食べないようにしたい．またニホンウナギが少なくなったからといって，外国産の異種ウナギを大量に輸入して消費することは避けなければならない．世界には19種類のウナギがいるが，自国のニホンウナギが獲れなくなったらすぐに他所の国の別種のウナギを食べ，それも食べ尽くしたら，また別のウナギをという具合に，目先の経済を優先した，節操ない行動は慎まなくてはならない．ウナギをこよなく愛する私たち日本人は，毅然たる「鰻喰い」として，しかるべき矜持をもってウナギと付き合いたい．それが鰻喰いの品格というものである．行政がウナギの種の表示を義務付ければ，異種ウナギを扱っているスーパーやコンビニ店頭の商品を，私たち消費者が主体的に，賢く選ぶことができよう．

河川環境がウナギにとって悪化したことも資源減少の一因である．河川改修の護岸工事や水質汚染はウナギだけでなく，ウナギのすみ場所や餌となる河川生物を減らしてしまった．東アジアの共有財産であるニホンウナギを保全し，資源の持続的利用を可能にするために，1998年から台湾，中国，韓国，日本のウナギ研究者とウナギ業界関係者が集まって，東アジア鰻資源協議会（East Asia Eel Resource Consortium, EASEC）を結成して活動を開始している．EASECは，毎年1回各国持ち回りで年会とシンポジウムを開催する他，ウナギのサンクチュアリ設立を目指して，東アジアに「鰻川 Eel River」を指定し，河口でシラスウナギの接岸状況の長期モニタリングを行っている．こうした動きを更に活発にして，天然ウナギの保護を広く訴える必要がある．

もう1つ，資源減少に関係する要因は海洋環境の悪化である．エルニーニョの頻発，塩分フロントの南下，バイファケーションの北上，中規模渦や台風の発生はウナギレプトセファルスの輸送環境を悪化させ，シラスウナギの東アジアへの接岸量を減らす可能性がある．まだはっきりした証拠はないが，これらの海洋環境の変化は地球温暖化ともなにかしら関係しているものと思われる．これらの現象は陸から遙か彼方の外洋で起こる地球規模の大きな変化であり，原因がわかったとしても人の手では如何ともしようがない．しかし，こうした海洋でおこる資源変動メカニズムも十分理解した上で，私たちはウナギの保全のためにできることから着手しなくてはならない．

ウナギは今，大量消費の時代である．しかしウナギは，ファストフードで扱うビーフ，ポーク，チキンのように，廉価で大量消費に耐える「家畜」食材とは訳が違う．養殖ウナギといっても，タイやヒラメのように卵から育てた，完全に人工の養殖ものではない．天然のシラスウナギを獲ってきてこれに餌をやって大きくした「半天然もの」なのだ．つまり，考えもなく獲りすぎてしまえば，なくなってしまう天然の漁業資源と何ら変わるところはないのである．その意味で，絶滅に瀕した野生生物を獲ってきて，大量消費に供しているといえる．ウナギの完全養殖が実用化され，ウナギが人の手で完全にコントロールできる「家魚」になる日がきたら，これを使って大量消費システムを作るのは結構だ．しかし，その完成はあと一歩のようでもあり，またこの先5年，10年とかかるかも知れず，全く先が読めない．したがって，それまでは減ってしまった天然資源を細々と，襟を正して大切に食べ続けるしかない．資源に赤ランプが点滅している現在，安いウナギを毎日食べるのはあきらめ，少々高くても，一年に何回か，「ハレの日のごちそう」として鰻専門店に出向き，熟練の職人の手で調理されたばかりの最高の国産養殖ウナギをじっくりと賞味することにしてはどうだろうか．座敷に上がって，酒をのみながら談笑し，鰻の焼けるのをのんびり待つ．鰻は元々そんなスローフードの文化なのだ．（塚本勝巳）

文　献

Ege, V.（1939）：*Dana Report*, 16, 1-256.
Inoue, J. G. *et al.*（2010）：*Biol. Lett.*, 6, 363-366.
Okamura, A. *et al.*（2007）：*Environ. Biol. Fish.*, 80, 77-89.
須藤竜介（2011）：ニホンウナギの産卵・回遊開始機構に関する生理生態学的研究，博農第3685号，203 p.
Watanabe, S. *et al.*（2004）：*Bull. Marine Sci.*, 74, 337-351.
Watanabe, S. *et al.*（2009）：*Fish. Sci.*, 75, 387-392.

参考文献

黒木真理・塚本勝巳（2011）：旅するウナギ 1億年の時空をこえて，東海大学出版会，278 p.
塚本勝巳（編）（2010）：魚類生態学の基礎，恒星社厚生閣，pp. 57-72.
塚本勝巳（2012）：ウナギ 大回遊の謎，PHP研究所，238 p.

17章

海洋生物の毒

17・1　食中毒に関連する動物性自然毒はすべて魚介類由来

四方を海に囲まれているわが国では，古くから魚介類などの海洋生物を重要なタンパク質資源として利用してきた．今日では，科学技術の発展とともにわれわれの食生活は多様化し，外国からさまざまな食材を輸入している．それに伴い国民一人当たりの魚介類の消費量は年々減少しているものの，われわれの食文化から魚介類を切り離して考えることはできない．その中にあって，見過ごせない事実がある．わが国の食中毒に関連する動物性自然毒は，すべて魚介類由来である．その魚介類の中でも，われわれが口にする多くは海洋由来である．これら自然毒を含む動植物による食中毒は，細菌性食中毒と比べると，発生件数および患者数は多くはないが，フグ毒のようにきわめて死者数の多いものがある．これは，食品衛生上きわめて重要な問題であるため，ここでは，「海洋生物の毒」の引き起こす食中毒について話を進めるとともに，なぜ海洋生物が毒をもっているのか，について話を展開したいと思う．

17・2　海洋生物の毒による食中毒

食中毒の原因には，細菌やウイルス，化学物質，自然毒など種々の要因があげられる．この中で，わが国では近年，動物性の自然毒に由来する食中毒はすべて魚介類由来であり，その中でも死者は，フグ毒テトロドトキシン（TTX）による食中毒で圧倒的に多い．2003 年から 2012 年の 10 年間の統計では，フグ毒による食中毒は，細菌やウイルスなどの他の原因物質と比較すると発生件数こそ少ないものの，合計 15 名が亡くなっている（表 17・1）．これは，この間の食中毒の全死者数の 4 分の 1 超を占めており，フグ毒による死者数がいかに多いかを示している．このほか，わが国において魚類を喫食することにより引き起こされる食中毒の原因物質として，パリトキシン（PTX）やシガトキシンなども近年増加傾向にあり，注意が必要である．パリトキシンは，渦鞭毛藻 *Ostreopsis* sp. が産生し，食物連鎖を通じて魚類の体内に蓄積されると考えられている．パリトキシンは筋溶解性の毒性を示し，致死率も高い．パリトキシン中毒は，アオブダイを摂食して発症するケースが多く，ハコフグやハタ科魚類でも PTX 様毒中毒の発生例がある．一方，シガトキシンは，致死率こそ高くはないものの，神経系や消化器系，循環器系障害などの症状を示すことが知られているが，代表的な症状は，ドライアイスセンセーションとよばれる感覚障害である．シガトキシンは，石灰藻などの海藻に付着している渦鞭毛藻 *Gambierdiscus toxicus* が産生し，食物連鎖を通じて魚類の体内に蓄積されると考えられている．シガテラ毒魚としては，オニカマス（ドクカマス）やドクウツボなどが有名であるが，実際にはその数はわれわれが普段口にするブリなど数百種にのぼるとされる．これまでわが国の南方海域で発生すると考えられていたが，最近では和歌山県や伊豆半島でもイシガキダイによるシガテラ中毒が報告されており，徐々にその発生海域は北上している．

これら毒成分では上記の魚類は中毒しないものの，われわれ人間が体内に取り込むと，たちまち中毒を引き起こす．しかしながら，これらパリトキシンやシガトキシンは，何のために産生され，そして何のために魚類に蓄積されているのかは明らかとなっていない．

魚類以外でも，二枚貝類で発症する食中毒である麻痺性貝毒（PSP）は大きな問題となっている．この原因物質は，フグ毒と同じ作用機序をもつとされるサキシトキシンという毒成分であるが，この物質は，*Alexandrium catenella* や *A. tamarense*，*Gymnodium catrnatum* などの渦鞭毛藻が産生し，プランク

表 17・1　食中毒の発生状況とその原因物質（2003～2012 年）

原因物質	発生件数	患者数	死者数
細菌	7,689	111,599	25
ウイルス	3,417	143,070	0
化学物質	135	2,477	0
自然毒　植物性	766	2,677	16
動物性	403	720	16
その他	266	1,168	0
不明	733	14,180	0
合計	13,409	275,891	57

トンフィーダーである二枚貝類に蓄積するとされる．同様に，渦鞭毛藻 *Dinophysis fortii* などにより産生される下痢性貝毒（DSP）がムラサキイガイなどの二枚貝に蓄積されることで引き起こされる中毒も知られている．いずれの貝毒も最近は迅速に検出できるモニタリング技術が向上したため，これら毒成分が原因となる食中毒はほとんど発生していない．ただし，モニタリング調査により検出された場合には，すぐに出荷停止措置が取られるため，産業に対する影響は計り知れない．

巻貝で発症する食中毒も知られている．ボウシュウボラやキンシバイ類などの肉食性の巻貝では，フグと同じ TTX がその原因物質である．また，寿司屋のネタで知られるツブガイ（ヒメエゾボラ，エゾボラモドキなど）では，テトラミンとよばれる毒物質を唾液腺に高濃度に含むため，その消費の拡大に伴って全国で中毒が頻発しており，注意が必要である．

このように，毒をもつ海洋生物による食中毒が発生していることから，これまで食品衛生面からの研究が精力的に行われてきたが，海洋生物がその毒を「どのように使っているのか？」との生物学的な面からの研究例はきわめて少ない．具体的に明らかにされた例としては，ヒョウモンダコが捕食のために TTX を使っていることが唯一であろう．次の項では，筆者がフグ毒について研究を進める中で明らかになってきたフグの TTX の具体的な使い方について紹介する．

17·3　フグは毒をどのように使っているのか？

フグ毒の本体は周知の通り TTX である．TTX は，2 mg 程度で成人を死に至らしめる強力な神経毒である．この毒の作用機序は成書に譲り，ここでは「なぜフグが TTX をもっているのか？」について話を進めたいと思う．

TTX を有するフグは，われわれ日本人にとって，その毒の危険性があるがゆえに神秘的で，食欲や知的好奇心を掻き立てる生物の一種である．フグを食用とする国は世界的に少なく，わが国でも江戸時代まではフグ食は法的に禁じられていた．その昔，フグが危険な生物であることは，科学的な裏付けのない時代においても経験的に認められていたのである．1907 年にはこのフグ毒の実体が TTX であることが明らかにされていたが，構造決定は難航していた．1964 年，日米の 3 グループが同時に TTX の構造決定を行い，その化学構造が明らかにされた．しかしながら，この TTX が何に由来し，そしてフグが TTX を何に使っているかについては，長らく明らかにされてこなかった．その理由としては，フグ食文化をもつ国がきわめて限定されること，フグ食文化をもつわが国においては，上述の通り，食品としての観点から疫学的・公衆衛生学的研究が主として行われてきたことにあるのかもしれない．そのため，TTX の生物学的意義については，不明な点が多く残されている．

その後の研究で，フグ毒はフグ科魚類のみならず，ヒモムシやヒラムシ，ヒトデ，巻貝類，タコ，甲殻類，ツムギハゼ，アカハライモリなど比較的広範な動物群が保有することが明らかとなり，*Vibrio alginolyticus* などの細菌がその生合成を行うことが報告されている（Noguchi *et al*., 1987）．そしてフグ毒は，これら細菌群によって生合成された後，食物連鎖を通じてフグなどが蓄積するとの考え方が一般化しつつある．事実，配合飼料のみを与えた養殖トラフグは毒化しないことが報告されている．一方，このフグ毒を生合成するとされる *Vibrio* 属細菌のフグの腸内細菌全体に占める割合は，ごくわずかで，0.1％にも満たないことが報告されている（Shiina *et al*., 2006）．フグが積極的に TTX を摂取・蓄積したとしても，その量はたかが知れている．したがって，生態系も含めてフグの毒化機構については不明な部分が多く残されているのが現状である．

上述のように，フグの毒化機構に関しては不明な点が多く，「なぜフグはフグ毒をもつのか？」との命題については，明確な答えは示されていない．「TTX はフェロモン作用を有する」との報告がある（Matsumura, 1995）．しかし，最近の研究で，性成熟していないフグでも TTX を求めたり，その行動パターンに雌雄差が認められないなどの知見が報告されている．また，フグは遊泳能力が低いために毒をもつことで外敵から身を守るとの説や，生体防御のために毒をもつとの説もあるが，いずれも具体性に乏しく，推測の域を出ていなかった．

このような状況の下，筆者が最近実施してきた研究の中で，興味深い結果が得られつつある．まず，クサフグの産卵期の成熟個体では，雌雄間で TTX の組織分布が大きく異なることが明らかとなってきた（Itoi *et al*., 2012）．「フグ類の組織別の毒力」で示されているように，トラフグ属（*Takifugu* 属）では，すべての種が卵巣と肝臓に毒をもつことが示されており（Noguchi *et al*., 2006），雌雄で毒の局在が異なることは容易に判断できるが，その他の組織でも雌雄差が認められたのである．筆者は，この雌雄間における TTX の局在の違いが上述の謎を解き明かす鍵の 1 つになるのではないか，と考えている．

これまで筆者が行ってきた研究から，トラフグ属の雌では肝臓に蓄積したTTX を卵巣に送り込み，そして最終的には孵化したばかりの仔魚に与えることで，生活史の中で外敵に対して最も弱い時期を乗り越えることを可能にしていると考えられる．実際に，孵化したばかりのトラフグあるいはクサフグの仔魚を被食者とし，ヒラメやマダイ，メジナなどのような無毒魚を捕食者として用いて捕食実験を行うと，仔魚 1 尾に含まれる TTX 量が捕食者の致死量にははるかに及ばないほど少ないにもかかわらず，フグの仔魚はほぼ 100％吐き出されて生残した（表 17・2，図 17・1　カラー口絵；Itoi *et al.*, 2014）．このとき，メダカの仔魚やアルテミアの成体などを対照として用いると，これらは一瞬で食べられてしまったのである．では，どうしてこれら孵化したばかりのトラフグおよびクサフグの仔魚は捕食されなかったのだろうか？　これら孵化仔魚における TTX の局在について調べてみると，成魚の粘液細胞に相当する細胞に局在していた（図 17・2　カラー口絵；Itoi *et al.*, 2014）．魚類は，微量の TTX を味蕾で感知することが報告されており（Yamamori *et al.*, 1988），きわめて理にかなった TTX の使い方をしているのである．仮にこの母親から譲り受けた TTX を親の場合と同様，肝臓などの臓器に蓄積していたとしたら，捕食者から身を守るための防御物質とはなり得ないのではないかと考えられる．

このように，トラフグ属に分類される魚種は，上述の通り，体サイズの違い，そして TTX の局在組織の違いこそあれ，いずれの種も肝臓および卵巣に TTX

表 17・2　フグの仔魚，卵および無毒生物に対する捕食者の反応*

捕食者	*n*	被食者の生残率（%）				
		TTX 保有魚			無毒生物	
		トラフグ	クサフグ		メダカ仔魚	アルテミア成体
		仔魚	卵	仔魚		
ヒラメ	25	100	–**	–	–	–
スズキ	45	100	–	–	–	–
イソギンポ	5	–	–	100	0	0
メジナ	6	–	–	100	0	0
アゴハゼ	6	–	–	100	0	0
メジナ	14	–	100	–	–	–

* Itoi *et al.* (2014) より引用．
** –：試験せず．

を局在させており（Noguchi *et al*., 2006），上述のような TTX の使い方が今日におけるトラフグ属の多様な種分化を可能にしているのかもしれない．分子系統学的研究においては，トラフグ属は 260〜530 万年前に爆発的に種分化し，今日まで多様な種を維持していると考えられている（Yamanoue *et al*., 2009）．トラフグ属のフグは，TTX を少なくとも外敵からわが子を守るために使用しているのは確実であると思われる．

17･4　有毒生物にとっての「毒」

「なぜ生物は毒をもつのか？」との疑問に対する答えについて考えると，「食う—食われる」の関係に行きつく．上述のように，毒を保有する生物は，自らの身を守るため，わが子を守るため，効果的に捕食するため，など常に「食う—食われる」の関係がついてまわる．フグは，食物連鎖を通じて集めた毒で自らを守り，そしてわが子を守る．ヒトの出現以前から，自然界においてこの営みが続けられてきた．

われわれ人間は，経験的に，そして科学的にフグの毒がどこにあるのか，どの部分であれば食べることができるのかを明らかにしてしまった．また，毒は薬としても利用できることに気づいてしまった．これは，すなわち有毒生物が毒をもっているがために，その身を亡ぼすことにつながりかねないことを示唆している．有毒生物は，その身を，そして種を守るために毒を利用してきたが，その存亡は，われわれ人間の手にかかっているのかもしれない．

一方，最近では，地球温暖化の影響か，これまで目にすることのなかった有毒生物ヒョウモンダコの目撃情報が関東南岸で多発したり，イシガキダイを釣って食べた釣り人がシガテラ中毒に悩まされるなど，これまで予想もしなかった事態が起こりつつある．どの海洋生物が毒をもちうるのか，実際にその生物を見るのと図鑑などの写真で見るのとではその認識は大きく異なるであろう．このような観点からみると，水族館に展示されている生物への見方も少し変わってくるのかもしれない．

（糸井史朗）

文　献

Itoi, S. *et al*.（2012）：*Toxicon*, 60, 1000-1004.
Itoi, S. *et al*.（2014）：*Toxicon*, 78, 35-40.
Matsumura, K.（1995）：*Nature*, 378, 563-564.
Noguchi, T. *et al*.（1987）：*Mar. Biol*., 94, 625-630.

Noguchi, T. *et al.*（2006）：*Comp. Biochem. Physiol. D*, 1, 145-152.
Shiina, A. *et al.*（2006）：*Comp. Biochem. Physiol. D*, 1, 128-132.
Yamamori, K. *et al.*（1988）：*Can. J. Fish. Aqua. Sci.*, 45, 2182-2186.
Yamanoue, Y. *et al.*（2009）：*Mol. Biol. Evol.*, 26, 623-629.

18章

深海生物の不思議

18･1　深海の世界

1）深海とは

海洋において，水深200 m以深を“深海”とよぶ．なぜなら，水深200 mより深いところでは太陽光が届かず，光合成によって無機物から有機物への変換が行われないためである．この定義では全海洋の実に93％が深海ということになり，多様性に富んだ生物が“深海生物”に分類される．深海生物は奇妙な形態をしていると思われがちであるが，私たちが日々食卓で見かける魚（スケトウダラやキンメダイなど）や甲殻類（ベニズワイガニやボタンエビなど）もれっきとした深海生物なのである．一般的に“深海”と思われている深海底，たとえば海溝や海嶺，海山などはほぼ海流がなく，堆積速度も非常に遅いため変化の少ない環境である．

2）深海底に生息する生物

深海底では有機物が合成されないため餌資源が非常に乏しい．したがって，深海底に生息する生物は陸上由来の有機物に依存している．たとえば，マリンスノーとよばれる懸濁態有機物（魚類や大型海生哺乳類の糞粒・死骸，甲殻類の脱皮殻，枯死した海草や海藻などで構成されている）がある．このような環境では，魚類や甲殻類など，直接生物遺骸を餌とする腐肉食者（スカベンジャー），懸濁物を摂食するカイメン類やホヤ類などの能動態懸濁物食者，ほぼ移動せずに懸濁物を待ち受けて摂食するウミユリ類やヤギ類，ウミエラ類などの受動的懸濁物食者などが生息している．しかしその生物量（1 m^2 当たりの生物の重量：バイオマス）は潮間帯（3,000 gm^{-2}）に比べ非常に低く，水深 1,000 m では 40 gm^{-2} 以下である．さらに水深が深くなるにつれ，その量は減少する（Lalli and Parsons, 1996）.

3）熱水噴出域と冷水湧出域

深海底には，海底火山の活動などによって熱水噴出域が形成されることがある．これは海底下にしみ込んだ海水がマグマの熱によって温められることで発生する．この環境では，熱水とともに硫化水素やメタンなども多量に噴出していることが知られている．熱水噴出域と同様に，硫化水素などが多量に存在する場所として，冷水湧出域があげられる．この形成メカニズムの詳細はいまだに明らかにされていないが，そこに形成される生物相は熱水噴出域とかなり類似している．熱水噴出域や冷水湧出域周辺では無脊椎動物を主な構成員とするバイオマスの非常に高い生物群集が存在しており，化学合成生物群集とよばれる．この生物群集において生産者的役割を担っているのが，硫黄酸化細菌やメタン酸化細菌などの化学合成細菌である．化学合成細菌は環境中に存在する硫化水素やメタン，水素などを酸化することで有機物を合成する．この有機物を直接摂食（せっしょく）する生物も存在するが，化学合成生物群集では細胞内外に共生させる生物が多く存在する．たとえば，ハオリムシ類やシロウリガイ類，シンカイヒバリガイ類は細胞内外に硫黄酸化細菌やメタン酸化細菌を共生させている．珍しい例として，ゴエモンコシオリエビは，体表の剛毛で化学合成細菌を増殖させ，それを摂食することが知られている．このように，体の内外に化学合成細菌を共生させることで，宿主となる生物は摂餌（せつじ）のためのエネルギーを使わずに済む．しかしその一方で，化学合成細菌に有機物を合成させるため，生物にとって有毒な硫化水素やメタンに曝露されなければならない．

18･2　生物の環境適応

1）無脊椎動物の環境適応

場所によっては300℃を超す熱水が噴出する熱水噴出域周辺に生息する生物は，高温耐性が非常に高いと思われがちであるが，周囲の水温が非常に低い（4℃

程度）ため，噴出する熱水から数 cm 離れただけで水温は 10℃前後まで下がる．イトエラゴカイなど，熱水の近傍やそのゆらぎの中で生息する一部の生物を除き，多くの生物は高温よりも高濃度の硫化水素に適応しなければならない．

硫化水素の無毒化機構については多くの研究がなされてきた．たとえばシロウリガイ類やハオリムシ類は特殊なヘモグロビンをもつことが知られている．その特殊なヘモグロビンを硫化水素と結合させることにより，無毒な状態で体内を循環させることができる．また，このように体内に取り込んだ硫化水素を共生菌へ供給していると考えられている．

2）含硫アミノ酸とタウリン輸送体

一方，シンカイヒバリガイ類のようにヘモグロビンをもたない生物はチオタウリン（NH_2-CH_2-CH_2-SO_2SH）による無毒化が示唆されてきた．チオタウリンは生物体内にある無毒な物質で，硫黄原子を含むことから含硫アミノ酸ともよばれる．チオタウリンは前駆体のヒポタウリン（NH_2-CH_2-CH_2-SO_2SH^+）よりも硫黄原子が 1 つ多い構造をしているため，細胞内で環境中の硫化水素（H_2S）と体内のヒポタウリンが結合することによりチオタウリンを合成していることが示唆されてきた．さらに，チオタウリンとヒポタウリンは可逆反応が生じるため，チオタウリンからヒポタウリンが生じる際に放出される硫黄原子を共生菌へ供給していると考えられている（図 18・1）．細胞外から細胞内へ，チオタウリンやタウリンを取り込むのは，細胞膜上に存在するタウリン輸送体である．これは我々人間をはじめ，ほとんどの生物がもつ膜タンパク質である．硫化物の有無によってこのタウリン輸送体の数が増減するか，相模湾初島沖に生息するヘイトウシンカイヒバリガイを用いて実験を行った．貝を入れ，水温を 4℃に保った水槽のうち 1 つは海水のみ，もう 1 つは硫化ナトリウム溶液（硫化水素は有毒な気体であり，水槽中に曝気できないため硫化ナトリウム九水和物を海水に溶解したものを用いる）を添加し，35 日後，69 日後に解剖し，鰓（えら）のタウリン輸送体 mRNA 量をリアルタイム PCR という手法を用いて定量した．その結果，硫化物を添加した試験区ではタウリン輸送体 mRNA 量が増加していた．このことから，硫化物存在下では細胞内へヒポタウリンやタウリンを蓄積させて無毒化するためにタウリン輸送体の数を増やしていることが示唆された（図 18・2；Koito *et al*., 2010a）．

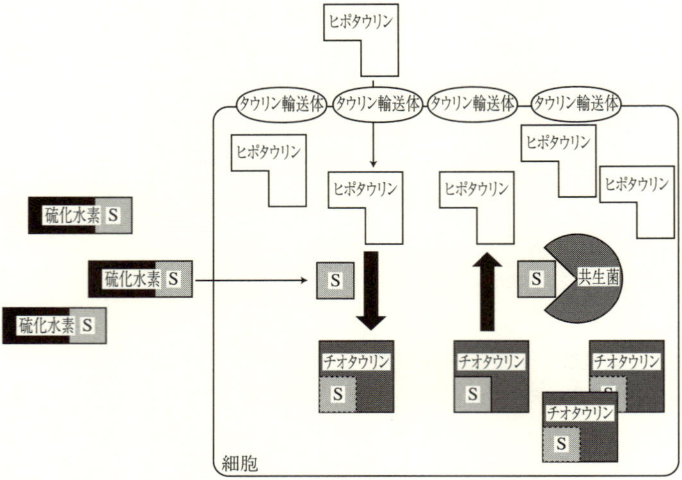

図 18・1　無毒化機構の概念

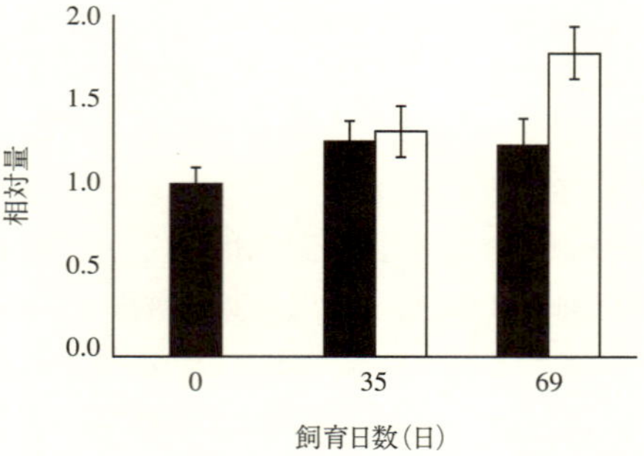

図 18・2　ヘイトウシンカイヒバリガイ鰓のタウリン輸送体 mRNA の発現量．黒は海水区，白は硫化物添加区を示す．0 日目（船上で採集直後に解剖）を 1 としたときの相対量で示した．

3）現場での研究

生息環境で硫化物の有無に応じて含硫アミノ酸量を増減させているか検証するため，現場での移植実験を試みた．2008 年 4 月，海洋研究開発機構が所有する海洋調査船『なつしま』に搭載されている無人探査機『ハイパードルフィン』によって，伊豆小笠原海域明神海丘から採集したシチヨウシンカイヒバリガイ

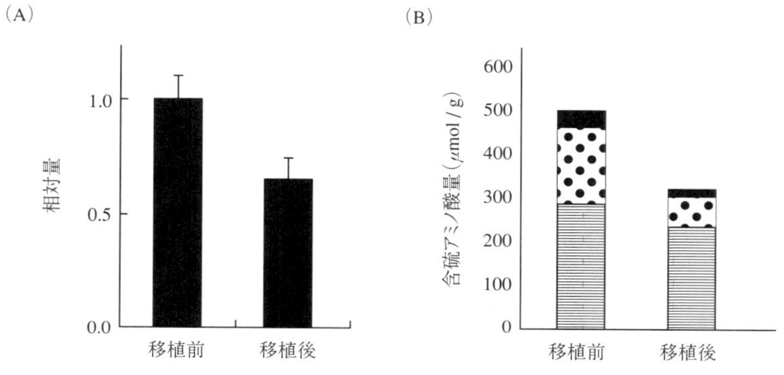

図 18・3　シチヨウシンカイヒバリガイ鰓の（A）タウリン輸送体 mRNA 量および（B）含硫アミノ酸量の比較．タウリン輸送体 mRNA は移植前を 1 とした相対量で比較した．横縞はタウリン，ドットはヒポタウリン，黒はチオタウリンを示す．

のうち，8 個体はすぐ解剖し（移植前），他の 10 個体をカゴに入れ，同海域の熱水活動が見られない場所（水深約 1,300 m）へ設置した．それを翌年の 4 月に回収し，含硫アミノ酸の分析を行なったところ，ヒポタウリン量とチオタウリン量，タウリン輸送体 mRNA 量が減少していた（図 18・3）．この結果から，シチヨウシンカイヒバリガイは硫化水素のない環境では，無毒化の必要がないために含硫アミノ酸量とタウリン輸送体量を減少させることが示唆された（Koito *et al.*, 2010b）．

このように，深海熱水噴出域や冷水湧出域に生息する無脊椎動物のうち，少なくともシンカイヒバリガイ類は環境中の硫化水素の有無に応じて無毒化の度合いを変化させることで硫化水素が多量に存在する環境に適応していることが明らかとなった．

4）浅海の無脊椎動物におけるタウリン輸送体の役割

浅海の無脊椎動物もタウリン輸送体を使って環境に適応していることが知られている．潮間帯に生息するムラサキイガイは，潮汐に伴いときには干出する．その際，体液浸透圧の変化に合わせて細胞容積を保つ必要がある．つまり，高浸透圧では細胞が縮小しないように，低浸透圧では細胞が膨張しすぎないように調節しなければならない．そのためにタウリンのような低分子の物質やアミノ酸を細胞内へ取り込む，あるいは排出することで細胞容積を一定に保つのである．つまり，浸透圧変化に伴いタウリン輸送体を増減させることで細胞内へ含硫アミノ酸を取り込んでいるのである（Hosoi *et al.*, 2005）.

5）進化と分散

化学合成生態系を構成している無脊椎動物は，多くが浅海から深海へ進出したと考えられている．はじめは浅海の沈木や鯨骨などに付着した無脊椎動物が，海流などにより深海へ運ばれ，最終的に熱水噴出域や冷水湧出域で繁栄したという理論で，ステッピング・ストーン仮説とよばれている．上述のような，浅海の環境に適応するためのメカニズムをうまく応用できたからこそ，彼らは深海の極限環境へ容易に適応することができたのではないだろうか．

しかし，環境に適応できたとしても，熱水噴出域や冷水湧出域はいつ硫化水素の供給が絶たれるかわからない有限環境である．さらに，文字通りステッピング・ストーン（飛び石）状に存在する熱水や冷水は生物にとって安住の地ではない．種の存続のためには 1 カ所に留まって繁殖し続けるのは危険である．そこで子孫を海流に乗せ，遠く離れた熱水や冷水へ輸送している．たとえば，沖縄トラフ（熱水噴出域）に生息するヘイトウシンカイヒバリガイ，シンカイヒバリガイおよびシロウリガイは相模湾初島沖（冷水湧出域）にも生息していることが知られている．これは黒潮に乗って幼生が運ばれるためであると考えられている．

18·3　深海生物の展示

これまで述べてきた化学合成生態系を実際に見ることは非常に難しい．なぜなら，熱水噴出域や冷水湧出域は深海底でパッチ状に存在しており，多くが水深 1,000 m 以深であるため，有人 / 無人探査機なしにはアクセスすることができないからである．海洋研究開発機構が所有する探査機を利用するためには，探査機使用の目的や海域を申請し，審査にパスしなければならない．学生であれば，深海をテーマとする教員のもとで研究しない限り乗船の機会は得られない．しかし，新江ノ島水族館（藤沢市）では化学合成生態系を構成する生物を実際に見ることができる．同館のトリーター（飼育員）は，学術調査船や漁船に乗船し，独自の採集器具を駆使して深海生物を採集している．乗船中は生物を生かすためにさまざまな工夫をする．たとえば，魚類の場合，急激な水圧の変化によって膨張した腹腔や鰾（うきぶくろ）のガスをシリンジで抜く，水流ポンプを使って人工呼吸をするといったことである．熱水噴出域や冷水湧出域から採集した生物の場合は水温を4℃に保ち，水族館で使用している濾過槽を船上に持ち込み，プロテインスキマーと併用することで水質を一定に保っている．このように船上で鮮度を落とさないよう持ち帰った生物は，できる限り生息環境に近い水質に調整された水槽で展示されている．特に，4℃の水槽中に熱水を噴出させる化学合成水槽は特許を取得しているほどで，他の水族館では見られない．さらに，大学や研究機関と共同研究を行なうことで得られる科学的知見を展示にフィードバックすることで，長期飼育や繁殖に取り組んでいる．他にも，『しんかい2000』の実機展示やお話し会などのイベントを通して，来館者が深海生物を身近に感じられるように尽力している．深海生物飼育のノウハウをもつ同館のトリーターが乗船中から下船後まで生物を管理しているからこそ，我々研究者は多彩な実験を組むことが可能となったのである．

18･4　深海生物の不思議

深海生物の不思議は尽きることがない．暗黒の深海では孤独な魚をよく見かける．彼らはどこで仲間や伴侶と出合うのだろうか．海底に沈んだ鯨骨や沈木をいつ，どうやって生物は見つけるのだろうか．探査機の投光器が照らしているのは，深海底のほんの一部なのである．（小糸智子）

取材協力：新江ノ島水族館

文　献

Hosoi, H. *et al.*（2005）：*J. Exp. Biol.*, 208, 4203-4211.

Koito, T. *et al.*（2010a）：*Fish. Sci.*, 76, 381-388.

Koito, T. *et al.*（2010b）：*Cah. Biol. Mar.*, 51, 429-433.

Lalli, C. M. and Parsons, T. R.（1996）：生物海洋学入門（關文威監訳・長沼　毅訳），講談社サイエンティフィク，pp. 145-183.

第４部　水族館で生物を飼う

19 章　水族館の飼育技術（水族館での飼育と繁殖）

20 章　水族館の設備と水質管理

21 章　水族館の衛生管理

22 章　魚病と治療

コラム１　深海は未報告の魚病の宝庫？

コラム２　硫酸銅の処置濃度

コラム３　思いこみは危険

コラム４　水族館における魚病研究の悩み

19章 水族館の飼育技術（水族館での飼育と繁殖）

19･1　多様な飼育方法と水族館の飼育による社会貢献

1）種による飼育法の違い

水族は淡水，海水，汽水などさまざまな塩分環境で生活している．また，遊泳性が高かったり，反対に底生性であったりと，生活様式も多様である．さらに，魚類や無脊椎動物は，体温が水温に依存する変温動物であることから，それぞれの生物の生活可能な温度領域でないと正常な生活ができない．このような水族の生活を管理し，育成するためには，それぞれの種に適した飼育方法で飼育しなくてはならない．さらに，繁殖させるためには，それぞれの魚類によって繁殖期が異なることからもわかるように，成熟や産卵行動を誘導する要因となる水温や日長時間などの外部環境をそれぞれの種に適合させなくてはならない．これについても魚種によって異なっているため，それぞれの種類に適応した環境を作る必要がある．

2）飼育目的による違い

このように生物の飼育方法は，種類によって異なるが，飼育の目的によっても著しく異なる．水族を飼育している場所としては，水族館の他に養殖場や水族の子供を生産する栽培漁業センターなどがある．これらの施設ではそれぞれ飼育目的が異なることから，飼育方法が全く異なっている．

①種苗生産

沿岸漁業を振興するための栽培漁業センターでは，水産資源の維持・増大の1つの方法である放流事業を行うための水族の子供（種苗）を生産している．種苗生産するためには，親魚の養成と，仔稚魚（しちぎょ）の育成のための飼育方法とがある．親魚の養成の場合には，良質な卵を産ませるために，親魚の栄養状態や健康状態をよい状態に保たなくてはならない．また，ウイルスの子供への垂直感染を防ぐために，親魚のウイルス感染を検査する．さらに，著しく少なくなってしまった魚類については遺伝的多様性を維持できるように個体識別し，さまざまな組み合わせで繁殖させるなど，次の世代のことを考えて飼育しなくてはならない．一方，仔稚魚に対しては，生残率を上げ，成長を促進させるために，栄養強化した餌料を，常に摂取できる密度で投与しなくてはならない．さらに，溶存酸素量，水流，日長時間，温度管理，光量子，窒素化合物などの物理的，化学的環境要因の他にも，病原菌やウイルスの侵入の抑制など，さまざまな注意が必要である．

②養　殖

養殖は，種苗生産と同じような位置づけで考えられがちであるが，養殖するための飼育方法はかなり異なっている．種苗生産では遺伝的多様性が求められるが，養殖では安定した成長や生残を求めるためにむしろ遺伝的多様性の少ない方が管理しやすい．また，水族館や種苗生産とは大きく異なるのが飼育密度である．生産効率を上げるためには単位面積当たりの収穫量をいかに上げるかが重要な問題となる．そのため他の飼育方法とは異なり，飼育密度が著しく高くなる．ハマチ養殖では，一般的に 1 m^3 当たり 7 kg の魚を生け簀に収容する．このような環境では給餌後の著しい溶存酸素量の低下や，多量の排泄物，魚同士および生簀や水槽壁への衝突などの問題が生じる．また，多くの海水魚類の養殖は，海域を利用していることから，気象との関連が高く，荒天時には生け簀を移動したり，沈下させるなどの対策や，冬季低水温期と夏季高水温期には代謝が悪くなるために給餌量を減らすなど自然条件に合わせた飼育管理方法が必要となってくる．このように生物の飼育といっても目的によって方法が多岐にわたる．

③水族館

水族館では基本的には生き物を見せるための飼育であるので，単にその生物の生活を管理するだけでなく，その生き物の美しさや不思議な生態をどのように見せるかという工夫と，常に入館者が観察しやすいように水槽の手入れをしなくてはならない．これらの事柄についての詳細は後述する．水族館では本来の入館者に魚を見せるという目的を通して，栽培漁業や生物の系統保存などにも貢献してきた．

3）水族館で繁殖させた技術の応用

①栽培漁業への貢献

栽培漁業は，1960 年代につくり育てる漁業として瀬戸内海を中心に行われるようになった．水族の多くの種類は大量に卵を産むが，多くの仔魚は餌を食べられずに餓死する．かりに餌にありつけたとしても他の生物に被食されることでさらに減少する．このような現象を初期減耗とよんでいる．種苗生産では初期減耗の時期に人が手助けをして少しでも生き残りを多くしようとするものである．つまり，卵を孵化させて得た仔魚が成長して，自分で餌を探して摂取できる大きさまで人が管理し，その後海に放流することで，その生物の資源量を維持あるいは増大させようとするものである．その先駆けとして注目されたのがマダイである．マダイの種苗生産は観音崎水産生物研究所や，瀬戸内海栽培漁業センター伯方島事業場で人工授精によって技術開発されてきた．当時はマダイの親を陸上で飼育できなかったために，小笠原義光・東京水産大学（現，東京海洋大学）名誉教授（当時，内海区水産研究所勤務）によると，海でマダイ親魚を釣獲し，すぐに船上で人工授精して研究所に持ち帰り，孵化管理をしていた．しかし，釣獲した雌の卵の成熟度によっては受精率が著しく低くなることがある．また，良質の成熟卵を保有している魚を深い場所から釣り上るとき，水圧が減少することで鰾が膨れ上がり，その結果腹腔を圧迫して卵を放出してしまうことがしばしば観察された．

さらに，受精しても小型船舶のエンジンの振動によって発生が停止するなどで，持ち帰った卵の発生率はきわめて低かった．このように苦労して持ち帰った僅かな正常発生卵から生まれた仔魚を育成するために，海域で動物プランクトンを毎日採集して餌としていた．この初期餌料の問題については，三重大学の伊藤隆博士によって養鰻池から発見されたシオミズツボワムシが魚類仔魚の餌料として有効であることが見出されたために，これ以降各種海産魚類の餌料生物として用いられ，主要魚類の大量生産への道が開けた（伊藤，1960）．この発見は，水族館でさまざまな魚類を増やす上でもたいへん役立っている．

そのような中，1967 年に鳴門自然水族館で観覧水槽内のマダイが自然産卵し，受精率も高いことが明らかにされた（野口，1968）．この時の記録では 100 トンの循環濾過式水槽で飼育していたマダイ 4 歳魚 8 個体が 1967 年 4～5 月にかけて毎日自然産卵したとされている．観覧水槽なので，他にもクロダイ，コショウダイ，アジ，サバ，イサキ，ゴンズイ，キュウセン，ドチザメ，ネコザメ，アカエイ，コロダイ，ヘダイ，カンダイ，ヒラアジ，タカノハ，クエ，マハタなどを混養飼育していたため，産卵直後にこれらの魚が盛んに卵を捕食したようである．それでも卵は，排水口から出てくるほどあり，それを網で回収したところ受精率100％，孵化率95％と良好であったことが報告されている．現在マダイの種苗生産は，親魚を育成し陸上水槽で飼育して自然産卵させることが常識になっているが，この基盤を作ったのは，この鳴門自然水族館での繁殖事例であるといっても過言ではない．現在でもクロマグロやシマアジなど産業上重要な魚種が水族館の観覧水槽で産卵している．

②野生生物の保護への貢献

水族館での飼育方法は産業に寄与するだけでなく，野生生物の保護にも一役を担っている．人間は自身の生活の向上のため開発を進めてきた．特に日本では狭い国土を有効に利用するために浅い池，湿地，浅海域の埋め立てによる開発，また，高度経済成長期には，工場排水や生活排水による水質汚濁によってさまざまな生き物が姿を消してきた．そのため，環境省によると2013年現在で国内の汽水・淡水魚類では3種が絶滅，1種が野生で絶滅，近い将来野生で絶滅する危険がある絶滅危惧ⅠA・B類の合計が123種，絶滅の危険が増大している絶滅危惧Ⅱ類が44種となっている．これは日本の汽水・淡水魚類の約42％という驚異的な数字である．水族館では，これらの生き物の普及啓発の役割も担っている．その一方で，これらの生物を展示するためには野生個体を採集し，飼育しなくてはならない．普及啓発のために野生生物に採集圧をかけることは本末転倒である．そこで，全国の水族館，特に淡水魚類を展示している水族館では，早い時期からこれらの問題を解決するために独自に繁殖を試みてきている．国内の水族館で淡水魚類を古くから展示繁殖させてきたのは，琵琶湖文化館（現琵琶湖博物館，草津市）である（滋賀県立琵琶湖文化館編，1980）．昭和40年代，すでに生物地理学的に重要な種として日本の種指定天然記念物としてミヤコタナゴ，イタセンパラ，アユモドキ，ネコギギの4種が指定されていた．特に西日本で分布が人間の生活圏であるために急速に数を減らしていたアユモドキを日本で初めて大量繁殖させ，自然界から採集しなくても展示を継続できるような体制をとる努力をしてきた．他にもイタセンパラを始めとしたタナゴの仲間や，オヤニラミ，ホトケドジョウ，ヒナモロコなどの繁殖に成功している．さらに，同水族館で繁殖されたアユモドキの一部は故郷の岡山県吉井川に放流され，野生の個体群維持に貢献している（坪川，1979）．その後，さらに淡水魚を展示する水族館が増えたこと，反対に日本の経済発展に伴い自然環境が破壊され絶滅に瀕する淡水魚類が増えたことから，各地の水族館では絶滅に瀕しているさまざまな水族を繁殖させている．現在では，前述の天然記念物4種だけでなく，スイゲンゼニタナゴ，ヒナモロコ，ムサシトミヨ，ハリヨなどさまざまな魚種の系統を維持するために継代飼育が行われている．このような体制をとることで野生生物への採集圧を上げずに絶滅危惧種の普及啓発が行えるようになっている．また，遺伝的多様性こそ失われるが，種そのものの保存事業としても重要な位置づけと考えられる．

近年では，淡水魚のみならず海水魚類でもタツノオトシゴ類やクマノミ類などペットとして人気の高い生物は，沿岸で生活し，あまり大きな移動をしないために地域個体群によってはかなり個体数が減少している種類も見受けられる．そのため，このような絶滅に瀕している生物を国際的に保護するために，ワシントン条約によって商取引が制限されている．これらの生物についても国内外の水族館で繁殖を試みており，大量に増殖した場合には水族館同士で交換するなどして，野生生物への採集圧軽減に一役を担っている．東海大学海洋科学博物館でも開館当時からさまざまな海水性水族の繁殖に成功してきた．特に世界で初めてクマノミ類の繁殖に成功し，現在でもさまざまなクマノミが館内で観覧することができる．このクマノミについては別章で紹介する．このように水族館では，観覧水槽で生物を見せるための水槽そのものだけでなく，生物を確保するための努力も行っている．それでは，水族館での具体的な飼育に関する作業や苦労などを次に紹介してゆく．（秋山信彦）

19･2　水族館での水族の入手から展示まで

1）生物の搬入

水族館と類似した施設として動物園があげられる．この両者の大きな違いの1つが展示生物の入手方法である．動物園の展示生物で花形となっているのは大型哺乳類である．これらを入手する場合，野生動物の保護の観点からほとんどが人為的飼育下で繁殖した個体が対象となる．各動物園では近親交配を避けるため，各種の血統登録などの措置が取られている．水族館で飼育展示されている哺乳類についても，動物園と同様に繁殖個体を入手して展示できるように努めているが，未だ野外採集による入手が不可欠な状況である．一方，魚類は購入，自家採集および交換による入手が一般的である．ここでは，水族館における展示魚類，特に海水魚の収集から飼育展示，そして水槽管理までの一連の過程について述べる．

魚類を購入する場合は，専門の業者に魚種と個体数を明示して発注し，多くは宅急便で水族館まで配達される．外国種を入手するときも主に購入である．また，近海の魚類を漁業者に依頼して集めてもらう場合がある．例えばキンメダイの採集を依頼すると，漁業者は船上で水揚げする個体とは別に，釣れたキンメダイを慎重に扱い，水族館用として船の水槽に入れて港まで運んでくる．一方，水族館は，漁業者から連絡があると引取りのため港へ向かい，船の水槽からトラックの水槽へキンメダイを移して水族館まで運ぶ．しかし，飼育困難な魚種の場合，釣れた魚を状態よく港まで運ぶには，漁業者の経験と技術が頼りとなる．そのため，依頼当初は運んできた魚が港に着いた時には瀕死の状態ということが多い．そこで，その都度扱い方を伝えることで，徐々に状態よく運べるようになる．キンメダイについてはそれに約 3 年を要した．なお，漁業者に支払う代金は手間の割には決して高くはなく，漁業者の善意によることが多い．そのため，各地の水族館は地元の漁業者との交流を大切にしている．

次に自家採集とは，水族館職員が野外へ出て採集することをいう．釣りや磯採集の場合もあるが，主な収集方法は定置網漁の利用である．自前の容器と網をもち地元定置網漁に参加する．漁の手伝いをしながら有用魚種以外で展示に必要な魚を網から掬い，船の水槽あるいは自前の容器に収容する．漁を終えて港に着いたら魚類を車に移して水族館へ搬入する．この場合，無償で魚をいただくことがほとんどである．定置網では，その地域で 1 年を通してみられる魚種や季節ごとに異なる魚種を採集することができる．例えば夏には南方系の魚，冬には深海魚を採集することがある．また，マンボウやクラゲ類のように，地域によって採集時期が決まっている種も多い．さらに，定置網以外のカゴ漁や延縄，刺し網，底曳網漁などの漁船に乗船して漁の手伝いをしながら漁獲物を分けてもらうこともある．

収集方法の最後にあげられるのが他館との生物交換である．日本には約 70 の水族館があり，各水族館は独自の自家採集を行っている．そこで地元では入手困難で，業者から購入すると高価な魚種については，その魚を自家採集している他の水族館へ交換を依頼する場合がある．その際，自分達も先方の要望する魚を用意しなくてはならない．例えば，太平洋側中部以南の水族館では，世界で最も大きくなるミズダコを自家採集するのは困難であるため，日本海側や北部の水族館に依頼する．その際，先方から太平洋側で採集できる魚の要望を伺い，交換が成立する．

2）搬入から展示へ

搬入された魚を直ぐに展示水槽へ収容することはほとんどない．業者からの購入や他館との交換で入手した魚は病気をもっている可能性があるため，数日間は様子を見ながら病気予防のため薬の入った予備水槽で飼育（薬浴）する．また，採集した魚は体表などに傷（擦過傷）があるため，傷の悪化を防いで自然治癒させるために薬浴をする．これらの処置の後，水槽内で餌を食べる習慣をつけさせるために予備水槽内で餌付けをする．直ぐに順応して餌付く魚もいるが，なかなか餌付かない種類も多い．深海性のハシキンメなどの魚類は餌付けに半年ほど要する場合もある．細長い体形をしたアオヤガラは活餌しか食べないので生きたキンギョを餌とする．魚病も見られず餌付いた魚は晴れて展示されるか，前述したように交換用として予備水槽で飼われる場合もある．

展示水槽は水槽ごとにテーマがある．ほとんどが「サンゴ礁の魚」や「地中海の魚」などの地域や海域をテーマにして，水槽内の装飾はテーマに沿って固定されている．しかし時には，近縁種のみを混泳させて，「分類」をテーマに展示する場合がある．例えばタツノオトシゴ類は動きが遅く，他の魚と同じ水槽内で飼育すると餌を横取りされるため，ほとんど餌が摂れない．そのため，近縁のタツノオトシゴ類だけで飼育しなくてはならない．また，魚種間には相性があり，同じ水槽内で飼育できない組み合わせがある．同じ海域で採れたトビエイとシマフグを同水槽内に入れると，シマフグがトビエイの長い尾を噛み切ってしまう．チョウチョウウオ類は１つの水槽で数個体を飼育すると，強い個体が他の個体を吻（ふん）と背鰭（せびれ）で突いて死ぬまで駆逐する．そのため，１個体のみで飼育するかあるいは駆逐行動の対象を特定の個体に集中させないために多数で飼育することが多い．よく一般の方に「大きいサメと小さい魚を一緒に飼っていて，サメが小さい魚を食べたりしないのですか？」と質問される．答えは「小さい魚は食べられる」であるが，サメには適宜餌を与えているので，それほど多くの小魚を食べてしまうことはなく，その食害を考慮して小魚の補充を行っている．以上のように魚を展示する時にはテーマや組み合わせなど幾つかの条件があるが，「魚は大きくなる」ということも心掛けなければならない．採集する際，種類によってはできるだけ迫力のある大きい個体を狙う．しかし大きい個体は，採れた時の扱いが大変で，状態よく搬入するのが困難である．そのため，小さい個体を採取して状態よく搬入し，展示水槽内で大きくすればよいと考えている．高い飼育技術がある場合にはこのような方法が推奨される．

3）水槽管理

展示水槽に収容した魚を状態よく長期にわたって綺麗に見せるのが飼育担当の責務である．そのため日頃多くの時間を費やすのが水槽掃除である．昔は水槽照明に白熱灯や蛍光灯を使うことが多かったが，最近では太陽光に近い波長のメタルハライドランプや省電力のLEDライトを使用することが多くなった．メタルハライドランプはその光特性から，海藻やサンゴの飼育に適している．しかし，水槽内に付着珪藻（けいそう）が繁茂するため毎日の掃除が欠かせない．また，蛍光灯やLEDライトを使用する場合も，水槽内を水中景観に近づけるため青色のライトを使う．青色の光源も植物の生長を促すので珪藻が繁茂する．そのため，想像以上に水槽掃除には労力を費やす．一般に水族館が暗いのは少ない光量で珪藻を繁茂させずに水槽内を明るく見せたいからである．

4）水質管理

魚の状態を良好に保つためには水質の管理が重要である．飼育水の水質検査項目として，水温，溶存酸素量（DO），pH，アンモニア態窒素，亜硝酸態窒素，硝酸態窒素，M-アルカリ度などがあげられるが，毎日検査するのは水温とDOのみで，その他は定期的に検査する．通常，飼育水は循環濾過設備により上述の検査項目に異常がないように管理しているが，さらに新鮮な海水を注水すること（換水）で水質を維持している．換水には，水質を良好に保つためと魚病の発生を防ぐための2つの効果がある．換水率の低い水槽では魚類の甲状腺肥大が起きる例がある．これは飼育水中のヨウ素が濾過槽で吸着されてしまうことが原因である（正仁親王ら，1982；内田，1983）．また，滑走細菌による魚病も換水率が低いと起こりやすい．ただし，急激な換水も魚類にストレスを与え，魚病発生の原因となることがあるので注意が必要である．

5）魚病対策

次に魚病とその対処法について幾つか紹介する．魚病はウイルス病，細菌病，寄生虫病などに大別される．ウイルス病は種苗生産の現場では見られるが，水族館ではまず見ることはない．ウイルス病の治療方法はなく，有機ヨード剤による消毒で予防するしかない．細菌病はほとんどが水中腐生細菌により起こるが，飼育環境が整備されている水族館では大きな被害は少ない．細菌病が発生した際は，抗菌剤，抗生物質，サルファ剤による経口投薬または薬浴を行う．前述した魚類の搬入時における魚病予防とは，採集時における擦過傷による細菌病と寄生虫の予防のためである．水族館で一番見られる魚病が寄生虫病である．寄生虫は，ウイルス性や細菌性の病原体に比べ大型で，体表に付く寄生体を肉眼で確認できることも多い．また，魚体の体表や鰓部の粘液を拭き取り，これを検鏡すると，病原体の種類が判明し，対処することができる．鳥羽水族館（1980）が行った全国の水族館を対象にした調査によると，出現した海水魚の寄生虫病の上位は海水性白点病，ウーディニウム病，ベネデニア病の順であった．これらの駆虫剤とし硫酸銅，ホルマリン，有機リン剤，サルファ剤などが使われる．また，最近では飼育水の循環設備に紫外線照射装置やオゾン発生装置を組み入れて，殺菌と寄生虫駆除を行っている水族館も多い．

6）展示水槽内での繁殖育成活動

水槽内で状態よく飼育を続けていると魚類の産卵や出産などの機会に遭遇する．筆者が行った2004年の調査では，日本の水族館でそれまでに繁殖が見られた海産硬骨魚類は596種に上る．そのうち育成に成功して稚魚期以降まで成長したのは148種であった．この調査から約10年が経過した現在では，その数はさらに増えているだろう．しかし，水族館の繁殖育成活動は決して生易しいものではない．根本的に栽培漁業センターなどとは異なり，先述した通り水族館は展示生物を状態よく綺麗に見せるのが本業で，その結果が繁殖に結びついている．水族館での繁殖対象種は特に決まっているものではない．強いて言うならば食用となる水産有用種以外が対象となる場合が多い．水族館では，食用とされない魚も含めて多種多様の魚を同居させ，飼育展示しているので，繁殖対象種を決めて専用の水槽で飼育することは少ない．さらに，繁殖したとしても産まれた卵を収集し，専用の水槽に収容して飼育を行う設備が必要で，孵化した仔魚を育てるためには，初期餌料生物を常に管理しておかなければならない．したがって，飼育担当者は限られた設備を効率よく運用して，機会があるごとに繁殖育成活動を行っている．また，育成を行うには科学的知識と職人的経験・

技術が必要である．例えば東海大学海洋科学博物館では近年，カクレクマノミの育成技術を確立してきたが，普段育成に携わっている飼育員とそうでない者とでは，同じように作業をしても生残率は明らかに異なり，普段行っている飼育員の方が高い．希少種数が増加傾向にあるなかで繁殖育成活動を続けていくことは，これらの生物を絶滅させないためにも必要である．さらに，水族館での繁殖活動は魚類の繁殖生態を解明することにも貢献している．日置（1992）は水槽内におけるキンチャクダイ科魚類の繁殖生態を研究し，産卵行動や性転換現象，仔稚魚の形態について多くの報告を行った．田中（1993）はクマノミ類についての繁殖や育成技術，仔稚魚の形態に関する多くの報告をしている．水族館における繁殖育成活動は，野外からの採集個体を減らして充実した展示を行うと同時に，水族館における研究活動の一環として捉えるべきである．（図19・1，19・2 カラー口絵）

（鈴木宏易）

文　献

日置勝三（1992）：日本産キンチャクダイ科魚類の繁殖生態と雌雄性に関する研究，学位請求論文（九州大学），244 p.

伊藤　隆（1960）：三重県立大学研報，3，708-740.

正仁親王・石川隆俊・高山昭三（1982）：医学のあゆみ，120，1-8.

野口利夫（1968）：養殖，5，81-85.

滋賀県立琵琶湖文化館編（1980）：湖国びわ湖の魚たち，第一法規出版，177 p.

田中洋一（1993）：サンゴ礁魚類のゴンベ科およびクマノミ類の繁殖生態と育成に関する研究，学位請求論文（東海大学），147 p.

鳥羽水族館（1980）：動水誌，22，72-82.

坪川健吾（1979）：淡水魚，5，125.

内田博道（1983）：動物と動物園，35，8-11.

20章

水族館の設備と水質管理

水族館が展示に供する水生動物の分類群は，無脊椎動物の刺胞(しほう)動物から脊椎動物の哺乳類までほとんど全ての動物門を網羅するまでに発展している．展示の充実は，それぞれの種がもつ多様な生息環境の再現に飼育技術ならびに飼育設備の工夫が積み重ねられてきた結果といえる．特に1960年代に活発に論議された硝化細菌による生物化学的濾過を活用した閉鎖循環式濾過がシステム化されたことに加え，飼育水に接触する配管やポンプ，熱交換器など設備構築材料に耐塩性に優れた樹脂やチタンが多用され，規格化されたことと，展示水槽観覧ガラス面の大きさに限界があった硬質ガラスから加工技術の発展で無限大に且つ形状も自由なアクリル樹脂パネルが多用されるに至ったことが大きく寄与している．

水族館の飼育設備構成は，飼育動物が要求する生息環境の再現にさまざまな工夫が凝らされ，対象種ごとに変化があり一様といえないが，図20・1にその基本的な設備構成を示した．

設備を大きく分けると，飼育原水を確保する取水設備，飼育水を浄化して循環する濾過循環設備，使用した飼育水や濾過槽の逆洗浄水を排出するための排水処理設備，展示生物が生理的に必要とする光源と合わせて展示効果を演出するための水槽照明設備，それぞれの設備を稼働させるための電気設備から構成されている．加えて近年では，それぞれの設備を効率よく運転制御する電子機器が導入されシステム化が図られている．

水生動物の飼育では，それぞれの動物が要求する生息環境を整えることが肝要であり，その中でも飼育水の水質安定維持が最重要といっても過言ではない．飼育を始めるにあたって，水温，塩分量，pHを適正に保つことはいうまでもないが，留意したい項目に飼育生物由来の代謝産物の除去がある．代謝産物には，呼吸によって排出される二酸化炭素と，糞便や老廃物として排泄される有機態・無機態窒素などがある．ここでは，閉鎖循環式水族館の水質を管理する上で要となっている代謝産物の除去に主眼を置いて述べる．

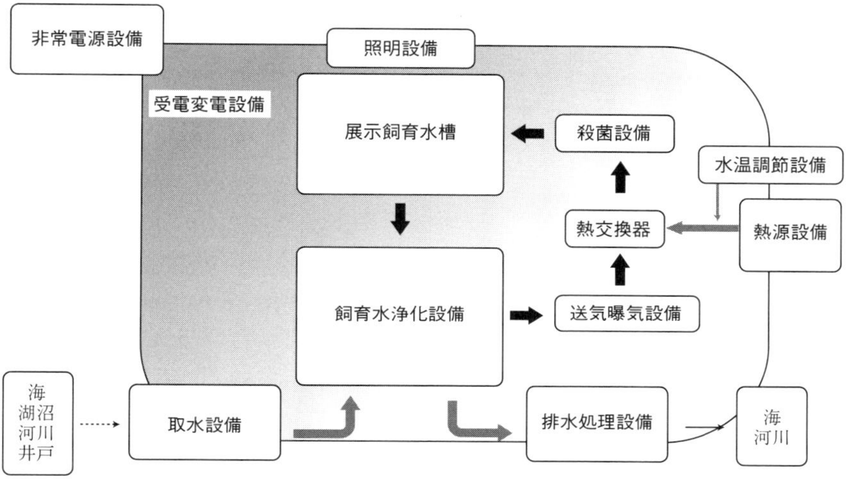

図20・1　水族館の飼育展示設備構成

20・1　溶存酸素と二酸化炭素

水中に溶存する酸素量は，大気中の組成割合に比較しておよそ1/30と微量であり，水温によっても変動する．塩類が溶存する海水中ではさらに減じる．水生動物は，このわずかな酸素を利用して生命を維持している．溶存酸素要求量は血液と酸素の結合力の大きさで異なり，結合力の小さなものほど高い溶存酸素量を必要とする．淡水魚よりも海水魚，温水魚よりも冷水魚が多くの溶存酸素量を消費する．また，行動が緩慢な種よりも活発な種，同種であっても体のサイズや摂餌量が大きなものほど代謝が活発となり，酸素消費量が増大する．

溶存酸素の消費は，飼育生物以外に後述する濾過細菌をはじめ，水中で生息する好気性の微生物によっても大きく消費される．以上の理由から飼育水中の溶存酸素量を常に豊富に保つことが必要だといえる．

水生生物の呼吸によって排泄される二酸化炭素は，水中で解離（イオン化）する重炭酸イオン（HCO_3^-），炭酸イオン（CO_3^{2-}）と，解離しない二酸化炭素（CO_2）ならびに炭酸（H_2CO_3）の4つの形で存在する．水生動物の呼吸で障害をもたらすのは後者の非解離の炭酸であり，pH値が低いほどその占める割合が増える（出口，1960）.

この非解離の炭酸量を簡便に把握する方法に RpH の測定がある．飼育水のサンプルを十分に曝気した後の pH 値（RpH）と曝気前の pH 値との差が大きければ有害な非解離炭酸の割合が多いことを示し，通気攪拌を強化することで酸素欠乏の危険性を解消することができる.

20･2　窒素化合物

もう 1 つ留意しなければならない代謝産物に無機態窒素がある．図 20・2 に自然水域での窒素化合物の循環を示した．自然界では，水生動物に起因される有機物や窒素化合物などの汚染物質はさまざまな微生物と植物の働きで浄化され，動物に戻る循環を繰り返している．水族館における飼育水の循環系では，生物量と浄化に関与する微生物量が自然界と比較してはるかに高密度であることと，現在の海水系では植物安定育成に技術的な難しさがあるために植物の関与に乏しい点があるものの，ほぼ同様の窒素化合物の循環が起こっている.

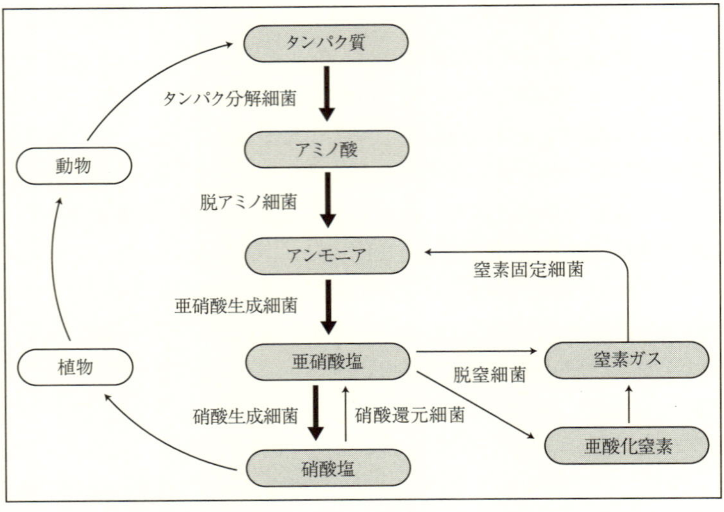

図 20･2　自然水域における窒素化合物の循環（(公社）日本動物園水族館協会「新飼育ハンドブック 5 集」(2010) より引用）.

1）有機窒素化合物の分解

水生動物の排泄物や遺骸，餌料の残渣（ざんさ）などの有機窒素化合物は，水中に懸濁しているタンパク分解細菌や脱アミノ細菌などの従属栄養細菌の働きで容易に分解され，アンモニア（NH_3）が生成される．アンモニアは水中で分子状の NH_3 と，解離した NH_4^+ の2態をとる．このうち，非解離の NH_3 は，容易に動物体内に侵入し低濃度であっても魚類の呼吸に致命的な障害を与える．有害な NH_3 の占める割合はpH値が高いほど高く，危険度が高まる（出口，1980）．そのため，水族館の飼育現場では常に NH_3 が飼育水から検出されないことに努める必要がある．

2）アンモニアの除去

循環濾過式水槽では，主として濾過槽に充填した砂などの濾材の表面や間隙に繁殖する硝化細菌の働きでアンモニアを毒性の低い硝酸塩にまで酸化している（硝酸化成作用）．これを，懸濁物を取り除く物理濾過に対し，生物化学的濾過とよんでいる．

この酸化過程には2種類の硝化細菌が関与している．すなわち，アンモニアを亜硝酸に酸化する亜硝酸化成細菌（アンモニア酸化細菌ともいう）と，亜硝酸を硝酸に酸化する硝酸化成細菌（亜硝酸酸化細菌ともいう）から構成される．いずれの細菌群も二酸化炭素を炭素源に，アンモニアあるいは亜硝酸を酸化することでエネルギーを獲得し，増殖する独立栄養細菌の一種である．

3）濾過槽の硝酸化成作用

硝化細菌の性質は数多く報告されているが，大きく2点の特徴がある．1つ目は，増殖に分子状酸素を必要とする好気性細菌であり，アンモニア態窒素1gから硝酸態窒素を生成するのに4.6gの酸素分子を消費するといわれている（鈴木，1990）．十分な溶存酸素量の確保は飼育生物のためだけでなく，硝化細菌を含め濾過槽に生息する細菌群を正常に機能させるためにも重要である．2つ目は，海水・淡水を問わず硝化細菌の最適水温が30～35℃，最適pH値が8.0～9.0付近であり，ともに通常の飼育水よりも値が高い点である（河合ら，1965；木俣ら，1965）．これらの値が下回っても，上回っても生物化学的濾過活性が低下するが，実際の飼育では飼育動物の要求を優先させる必要があることから，必ずしも硝化細菌の最適条件で濾過を行うことができない．そのため，活性に余裕をもたせた濾過槽を設置すべきである．

平山（1966）は，硝化細菌が増殖する上で酸素が必要であることに着目し，飼育水が濾過槽を通過する前後で生じる溶存酸素量の差，すなわち濾床の酸素消費量をOCF（oxygen consumption during filtration）と名付け，濾過槽の浄化機能力を示す指標として提唱している．このOCF値が大きいほど，濾過槽内で硝化細菌の活性が高く，生物化学的濾過が十分に働いていることを意味する（平山，1965a）．平山（1965b, 1966）はこの考えをさらに発展させ，飼育動物による汚濁量（X）と濾過槽浄化量（Y_M）をOCF値で表す計算式を導き出した．Y_MがXを上回る濾過槽仕様であれば安全に飼育できることから，循環濾過系を設計する上で大変参考になっている．ただし，数式の基となった実験の設定水温が20℃に固定されているので，冷水循環系などでは計算値よりも濾過槽仕様に余裕をもたすことが必要であることから，筆者は，浄化量Y_Mの値に水温15℃の循環系では50％，10℃では30％の活性率を乗じて濾過槽規模を算定することに心がけている．

$$X = (\mathrm{B}^{0.544} \times 10^{-2}) + 0.051 \times \mathrm{F}, \quad Y_M = \frac{10\mathrm{W}}{\dfrac{0.70}{\mathrm{V}} + \dfrac{0.95 \times 10^{-3}}{\mathrm{G} \cdot \mathrm{D}}}$$

X：汚濁量（mg/min.）
B：放養総体重（g）
F：給餌量（g/day）

Y_M：浄化量（mg/min.）
W：濾床面積（m^2）
V：濾過速度（cm/min.）
G：粒径係数（直径の逆数×100）
D：濾床厚（cm）

4）濾過槽の熟成

新設した飼育循環系の稼働開始直後の濾過槽には，生物化学的濾過を担う微生物密度が極度に低いため，硝酸化成能は微弱でほとんど機能しない．このため急激なアンモニアの蓄積が起こる．しかし，時間の経過とともに硝化細菌の増殖が進み，浄化能力も高まってくる．この過程を“濾過槽の熟成”とよぶ．

新規水槽の濾過槽熟成過程の例を図20・3に示す．濾床面積600 cm^2，径1 mmの濾過砂を15 cmの厚さに充填した濾過槽で濾過循環し，水温を25℃に設定したユニット水槽（容量200 l）である．イシダイの幼魚5尾（総体重320g）を収容し，1日当たり体重比3.5％の魚肉を給餌する条件下での無機態窒素3態の消長を表している．アンモニア態窒素および亜硝酸態窒素のピークを

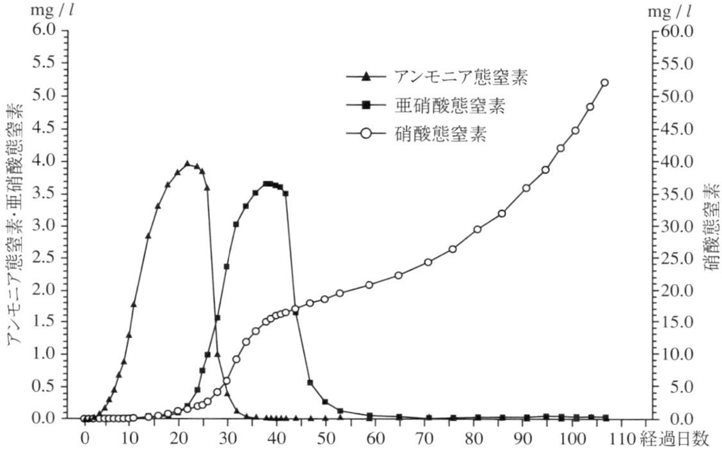

図 20・3　飼育開始後の用水中の無機態窒素 3 態の消長
［（公社）日本動物園水族館協会「新飼育ハンドブック 5 集」（2010）より引用］．

経て約 2 カ月を経過すると両者は消失する．硝酸態窒素は継続して蓄積していくが，アンモニアや亜硝酸に比べ毒性が低いことから，この時点をもって濾過槽の浄化機能の熟成とする．このことは，新規の飼育装置で生物化学的濾過機能が安定し，安全飼育が可能になるまでに約 2 カ月間を要することを示している．すなわち，飼育の初期では，代謝窒素化合物の浄化が十分に進行せず，アンモニアおよび亜硝酸の高濃度蓄積が起こり，飼育動物に過大な負担をかけていることがわかる．飼育動物の収容や給餌量は，運用当初は控えめにし，無機態窒素 3 態の消長を確認しながら徐々に増加させ，熟成完了時点をもって計画量にまで増加させる配慮が必要である．

この熟成期間を短縮するため，正常に機能している濾過槽から硝化細菌の付着した濾過砂を新しい濾過槽に散布する手法が広く用いられている．また，アンモニアを直接飼育水に添加して熟成させる方法もある．新江ノ島水族館（藤沢市）と世界淡水魚園水族館（各務原市）では開業にあたり，魚類などの生物を収容せずに塩化アンモニウムを 5 mg-N/l の割合で飼育水に添加するとともに，水温 30℃に維持することで熟成期間を通常の約半分の 30 日間に短縮した．無機態窒素 3 態の消長を把握しながらアンモニアを添加していくため手間がかかるが，飼育生物に負担をかけることなく，既存濾過槽からの濾過砂散布の際に懸念される寄生虫や病原菌による感染の危険性も解消される利点がある.

硝化細菌の熟成過程を経て正常に機能している循環濾過槽の飼育水では，アンモニア態窒素と亜硝酸態窒素が検出されることはほとんどない．しかし，安定的に機能させるためには，飼育動物の総量と給餌量を一定に保つことが肝要であり，突然生物量や給餌量を増加させると硝酸化成作用の能力を超え，再びアンモニアの蓄積を招く危険性がある．長期安定飼育を継続するには，飼育動物からの汚濁量（硝化細菌への負荷量）が常に一定になる飼育管理が望まれる.

20·3　脱窒作用

時間の経過とともに硝酸態窒素が蓄積していくが，限りなく増加するのではなく水族館の循環濾過水槽では100～300 mg/*l* で頭打ちになるのが通常である．これは図20・2の右下に示した脱窒細菌による還元作用で硝酸の一部が窒素ガスに分解され，水中から大気中に放出されるためである．これを脱窒作用とよぶ．脱窒細菌は，窒素に結合した酸素を呼吸に利用する通性嫌気性細菌である．このため脱窒細菌の活性効率を高め，硝酸の蓄積を解消するには，1つの循環系の中に硝化細菌が増殖する好気的環境と，脱窒細菌が増殖する嫌気的環境の相反する環境を両立させなくてはならない．現状の濾過システムでは，硝酸が高濃度にならなければ脱窒効果が認められないが，近年，低濃度まで機能させるシステムが開発されつつある．Jaubert（1989）は，石サンゴ類を飼育する調和水槽システムとして水槽の最底部に還元層の微酸素状態を形成するConfined water zone（止水層）を設け，その上にサンゴ砂の層を充填形成するシンプルな構造の調和水槽を考案し，特許を取得している．砂層の上部では，硝化細菌が増殖し，深部では脱窒細菌が増殖する仕組みであり，従来の底面フィルターとは違い，飼育水は砂層を通過させることなく，表面を舐めるように還流させる．また，電力中央研究所では，ヒラメの陸上養成で接触濾材を充填した脱窒槽を付加させた水質浄化技術の研究が行われている（Honda *et al.*, 1993; 渡辺ら, 1991）．さらに，ボルチモアナショナル水族館では，大水量水槽にメチルアルコールを炭素源とし脱窒細菌を活性させる大がかりなリアクターを組み込んだ循環システムを報告している（Aiken, 1995）．いずれも今後の水族館水処理技術発展の布石といる.

水族館で広く使われている閉鎖式循環濾過システムにおける設備構成と飼育

水管理の要点を述べてきた．水質汚濁の基である飼育生物の排泄物や新陳代謝による老廃物，餌料の残渣などの有機物は，飼育水中で分解し溶解する前に，プレフィルターや泡沫分離装置など濾過前処理装置を組み合わせて速やかに取り除くことで，汚濁付加を極力低減させる工夫がなされている．新鮮水の入手や排水処理コストなどの経済性を考慮すると，水質変化に順応力の乏しい生物の飼育で使用した用水を，順応力の大きな生物飼育の循環系に使い回して行く方法も工夫次第で有効である．

（谷村俊介）

文　献

Aiken, A.（1995）：1995 AZA Annual Conference Proceedings, pp. 10-17.

出口吉昭（1960）：日本大学獣医学部水産学科増殖学研究部誌，1，78-90.

出口吉昭（1980）：淡水養魚と用水（日本水産学会編），恒星社厚生閣，pp. 84-94.

平山和次（1965a）：日水誌，31，977-982.

平山和次（1965b）：日水誌，31，983-990.

平山和次（1966）：日水誌，32，11-19.

Honda, H. *et al.*（1993）：*Suisanzoshoku*, 41, 19-26.

Jauber, J.（1989）：*Bull. de. l Institut oceanographique, Monaco Special*, 5, 101-106.

河合　章ら（1965）：日水誌，31，65-71.

木俣正夫ら（1963）：日水誌，29，1031-1036.

鈴木孝明（1990）：活魚大全（本間昭郎編），フジテクノシステム，pp. 332-342.

谷村俊介（2010）：新・飼育ハンドブック，水族館編，第5集，公益社団法人 日本動物園水族館協会，pp. 51-57.

渡辺良朋ら（1991）：電力中央研究所研究報告，U91002，pp. 1-21.

21章

水族館の衛生管理

魚類の病原菌は，偏性病原菌と日和見病原菌（条件性病原菌）に大別される（室賀 2008）．前者は1尾当たり 10^1～10^4 CFU（寒天培地で測定した細菌数）の注射攻撃や，10^4～10^8 CFU/ml 濃度に調整した菌液に浸漬して攻撃することによって感染宿主を殺すのに対し，後者の病原性は弱く，感染宿主を殺すには 10^7 CFU/尾以上の多量の菌体を直接注射する必要がある．そのため，偏性病原菌による疾病を防除するためには，抗病性の高い品種の魚類をできるだけストレスの少ない環境で飼育し，良質の飼餌料を給餌するとともに，ワクチンを投与して免疫能を高め，飼餌料，飼育水および器具類などの衛生管理の徹底や，屋外池では鳥獣類の接近防止などによって病原菌との接触を最小限度にすることが肝要である．一方，日和見病原菌は魚類の腸管や体表，生息環境などに常在しているため，衛生管理だけでは予防は難しい．本章では，これら病原菌の主な衛生管理法である飼育水の殺菌技術と，近年，養殖分野で注目されているプロバイオティクス技術について紹介する．

21・1　日和見感染菌の分布

一般に魚類の腸管内容物中には 10^9～10^{10} cells/g の細菌が生息しているが，その中には淡水魚類では *Aeromonas hydrophila* や *A. veronii*，海水魚類では *Listonella anguillarum* や *Vibrio alginolyticus* などの日和見病原菌が含まれている．付近に養殖場のない非汚濁水域で採取した健康な沿岸魚類の腸管について *Listonella anguillarum* の保菌状態を調べたところ，約30％の個体から本菌が検出された．また，腸内細菌は魚介類の腸管内で増殖し，糞便とともに水中に排泄される．そのため，水槽に魚類を収容すると，飼育水中での腸内細菌の密度が高まり，魚類を取り上げると速やかに減少する現象が認められている．このように日和見病原菌は健康な魚類の腸管内に長期間生息しているため，保菌魚から常時，飼育水に排菌されることを念頭に置いて衛生管理を行う必要がある（杉田，1999, 2007, 2008）．

また，シオミズツボワムシやアルテミアなど海産魚介類の初期餌料にも日和見病原菌が高密度で存在しており，これらが感染源になることも十分考えられる．以上のように日和見病原菌の動態を考えると，養魚用水や器具などを殺菌して外部からの病原菌の侵入を防いでも，魚類や餌料生物に含まれるため，飼育環境からの完全な排除は困難である．しかし，低密度での日和見病原菌による浸漬攻撃では感染症の発症が難しいことを勘案すると，飼育水中の菌体密度を低く保つことでも感染症の発症率をある程度抑えることが可能となる（杉田，2008）．そのため，以下に述べる紫外線照射やオゾン，塩素などによる飼育水や器具などの殺菌は衛生管理のうえで大変重要である．

21·2　主な殺菌法

1）紫外線

水銀ランプや殺菌灯からの波長250～260 nmの紫外線（UV-C）はDNAを損傷させ，生物を殺傷させることが可能であるため，飼育水の殺菌に利用されている．殺菌に要する照射量は，病原微生物の種類や密度，目標とする生残率などによって異なるものの，一般に細菌（99.9％殺菌）では4,000～5,000 mW·sec/cm^2，カビ（*Saprolegnia* sp.の菌糸の生育阻止）では230,000 mW·sec/cm^2，ウィルス（99％殺菌）では2,000～150,000 mW·sec/cm^{2}および寄生虫（*Myxobolus cerebralis*の感染能99％失活）では27,600 mW·sec/cm^{2}であることから，循環飼育水および排水の紫外線殺菌には30,000 mW·sec/cm^{2}が推奨されている（Wedemeyer，1996；杉田，2008）．このように紫外線殺菌の有効性は水産領域においても認められているものの，水中での透過性には問題が残されている．清浄な海水でも5 cmを透過すると紫外線の25％が吸収され，さらに海水中の懸濁物質が存在するとその密度に応じて透過量が減少し，殺菌効果も低下する．そのため，できるだけ紫外線を照射する水層を浅くしたり，濾過槽を通過して懸濁物質を除いた水に対して照射するなどの工夫が必要である．

2）オゾン

オゾン（O_3）は酸化力が強く，殺菌のほか，脱臭，脱色，有機物の分解などの作用があるため，水族館でも一般的に使用されている．オゾンは，酸素（O_2）に高電圧をかけるか（無声放電法），あるいは波長100～200 nmの紫外線を照射するオゾン発生装置で得ることができる．オゾンは通常の条件では淡水に溶解しにくいが，海水中では臭素イオンなどと反応してBrO^-やBrO_3^-などのオキシダントとなる．そのため，臭素イオンを含まない人工海水では天然海水ほどの殺菌効果は期待できない．また，同じ出力のオゾン発生装置を用いて飼育水を処理しても，天然海水では殺菌効果が高いのに対し，淡水では低い．養殖現場でのオゾンに関するトラブルは，オゾンの淡水および海水への溶解度の違いや魚介類への毒性に対する認識の欠如によるものが多い（杉田，2008）．オゾンもオキシダントも殺菌作用は強く，ウイルス，細菌，カビ，原生動物などを殺傷することができる．例えば0.5 mg/*l*のオキシダントを含む海水に1分間以上接触させることによって多くの魚原細菌を殺菌することが可能であり（図21・1），孵化（ふか）場の用水のオゾン殺菌には0.1〜0.5 mg/*l* で5〜10分間接触させることが推奨されている（Wedemeyer, 1996；杉田，2008）．しかし，*Bacillus* 属の細菌のようにオゾンに対して抵抗性が高い微生物では完全に殺菌するには高濃度のオゾンが必要となるため，対象とする病原微生物の密度を下げることに限定して考えることが実用的である．

一方，オゾンやオキシダントは魚介類にも有毒であるため，飼育水槽に導入する前に活性炭槽を通して0.002 mg/*l* 以下に減少させることが推奨されている．

3）塩　素

塩素殺菌の主体は塩素（Cl_2）ではなく，次亜塩素酸（HClO）である．次亜塩素酸ナトリウム（NaClO）や塩素ガスなどを水に溶解することによって生成する次亜塩素酸は強い酸化力を示し，水中の細菌，ウイルスなどの病原微生物を殺傷することができるため，水道水の殺菌などに使用されているほか，水族館や養殖場などでは手網やバケツ，水槽，長靴などの殺菌にも利用されている．

$$NaClO + H_2O = NaOH + HClO$$

次亜塩素酸は水中で次亜塩素酸イオンと水素イオンに解離するが，次亜塩素酸イオンは細胞の膜透過性が低いため，殺菌力が次亜塩素酸ほど高くない．両

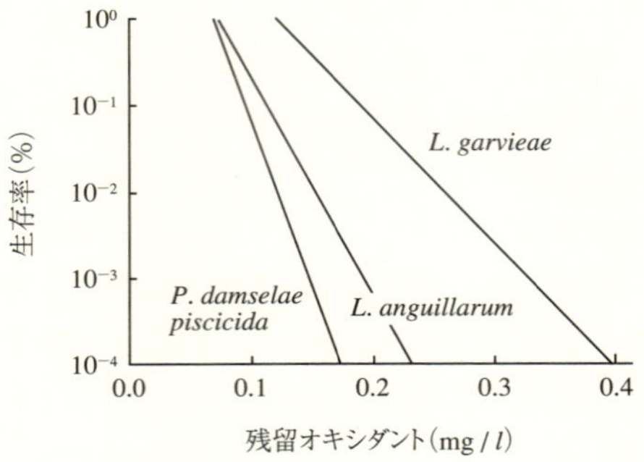

図21・1　1分間処理したときの *Photobacterium damselae* subsp. *piscicida*（ブリ類結節症原因菌），*Lactococcus garvieae*（ブリ連鎖球菌症原因菌）および *Listonella anguillarum*（ビブリオ病原菌）の生残率と残留オキシダントの関係（杉田，1991，図7・2を一部改変）

者の割合は水の pH 値で決定され，酸性では次亜塩素酸の割合が高い．例えば，pH 6 では約 95％が次亜塩素酸であるのに対し，pH 9 では約 95％が殺菌力の弱い次亜塩素酸イオンである．一般に魚類病原菌の次亜塩素酸による殺菌には 1～3 mg/*l* で 10～15 分間の処理が推奨されている（Wedemeyer, 1996）．しかし，次亜塩素酸は病原微生物を殺菌するだけではなく，魚に対する毒性も高いので，飼育水を塩素殺菌するときには活性炭槽を通過させて 10～20 μg/*l* 以下の濃度まで低下させる必要がある．

また，近年では海水や食塩水を海水電解装置で電気分解することによって次亜塩素酸などのオキシダントを発生させ，水族館や養殖場の飼育水を殺菌している（図 21・2）．本装置は，初期投資に費用がかかるものの，ランニングコストを低く抑えることができるため，新設の水族館などに導入される傾向にある．吉水（2006）は，本装置を使用して飼育用水を殺菌するには，有効塩素濃度（$HClO + ClO^-$）0.5～2.0 mg/*l* で 1 分間の処理が必要であると報告している．

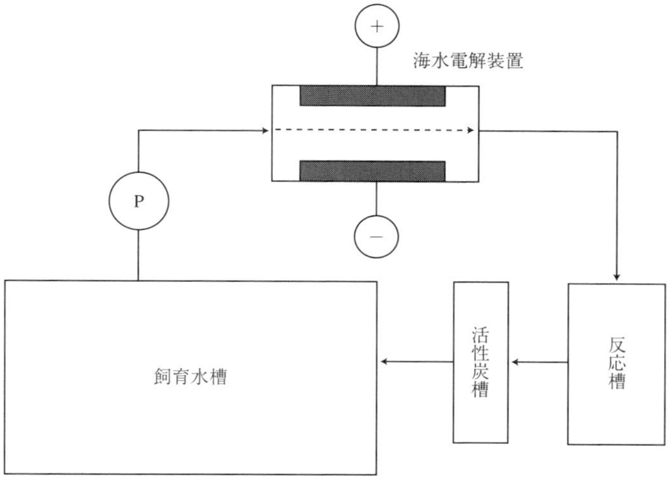

図 21・2　海水電解装置を設置した飼育水槽の例

21・3 プロバイオティクス

1) プロバイオティクスとは

プロバイオティクス（probiotics）とは，「適量投与したときに宿主の健康に利益をもたらす生きた微生物」と定義される．近年の化学療法の行き詰まりなどから養殖分野でのプロバイオティクスへの関心が高まっており，発表される論文が年々飛躍的に増加している．使用される細菌も乳酸菌（*Lactobacillus* 属，*Lactococcus* 属，*Carnobacterium* 属），*Vibrio* 属，*Bacillus* 属，*Pseudomonas* 属など分類学的にも多岐にわたっている（表21・1；杉田，2007, 2008）．

魚介類におけるプロバイオティクスの効果としては，①ビタミンなどの生理活性物質の供給，②高分子化合物分解酵素の生産による消化の補助，③免疫能の増強（免疫増強型プロバイオティクス），④抗菌物質の生産による外来病原菌の抑制（競合型プロバイオティクス）などがあげられる．

表21・1　魚類のためのプロバイオティクス

対象魚類	使用した微生物		
淡水魚類			
Labeo rohita	*Bacillus circulans*		
アメリカナマズ	*B. megaterium*		
キンギョ	*Lactocccus lactis*		
ティラピア	*Lactobacillus* sp.		
ニジマス	*Aeromonas hydrophila*	*Carnobacterium* sp.	*L. rhamnosus*
	Micrococcus luteus	*Pseudomonas fluorescens*	*Vibrio fluvialis*
ヨーロッパウナギ	*Enterococcus faecium*		
海水魚類			
イシビラメ	*B. toyoi*	*C. divergens*	*Carnobacterium* sp.
	L. bulgaricus	*L. helveticus*	*L. plantarum*
	Lactobacillus sp.	*L. lactis*	*Roseobacter* sp.
	Streptococcus thermophilus	*V. alginolyticus*	*V. mediterranei*
	V. pelagius		
シロイトダラ	*Pediococcus acidilactici*	*Saccharomyces cerevisiae*	
タイセイヨウオヒョウ	*V. salmonicida*		
タイセイヨウサケ	*V. alginolyticus*		
タイセイヨウダラ	*Lactobacillus plantarum*	*C. divergens*	
ヒラメ	*Weissella helenica*		
ヨーロッパヘダイ	*Pseudoalteromonas undina*	*L. fructivorans*	

2）免疫増強型プロバイオティクス

ヒトの腸管内では乳酸菌の *Lactobacillus* や *Bifidobacterium* が免疫増強に寄与していることから，これらの細菌がプロバイオティクスとして有用であることが広く認められている．そのため，魚介類においても，人畜で使用している乳酸菌を魚類に投与した免疫増強型プロバイオティクスの研究例も多い．また，腸管での役割は解明されていないものの，*Streptococcus* 属，*Leuconostoc* 属，*Lactobacillus* 属，*Carnobacterium* 属などの乳酸菌が魚類腸管から常在菌として分離されることから，これらの乳酸菌がヒトにおけると同様の機能を有することも期待される．Panigrahi *et al*.（2004）は *Lactobacillus rhamnosus* をニジマスに 30 日間連続投与することによって，血清中のリゾチームおよび補体（ACH50）の活性や頭腎白血球の貪食能が上昇することを見出した．このように，少なくとも一部の乳酸菌には魚類の免疫能を有意に向上させる作用が認められている．

3）競合型プロバイオティクス

抗菌物質を生産する細菌を魚介類や飼育水などに投与することによって，感染症を防除する目的で開発されたのが競合型プロバイオティクスである．

Sugita *et al*.（2009）は，ナマズから分離した乳酸菌 *Lactococcus lactis* の生産する抗菌物質が過酸化水素であり，かつ腸管内のような嫌気的条件では過酸化水素を生産しないことから，これらをキンギョに経口投与して，飼育水中の日和見感染菌 *Aeromonas* 属細菌の動態を調べた．その結果，対照区では *Aeromoans* 属細菌が 10^2～10^3 CFU/ml であったのに対し，投与区では 10^1 CFU/ml 以下に抑制されることからプロバイオティクス投与効果が確認された．

一方，水界には種々の魚病ウィルスが存在し，細菌と同様に種々の感染症を引き起こしているが，これらのウィルスを抑制する抗ウィルス物質産生細菌も存在するため，これらの細菌をプロバイオティスクとして利用する試みも報告されている（吉水・笠井，2007）．

今後，魚介類におけるプロバイオティクスの発展を望むには，魚介類の免疫や栄養と腸内共生微生物との関連性など，基礎的な研究をさらに進める必要がある．

（杉田治男）

文　献

室賀清邦（2008）：改訂・魚病学概論（小川和夫，室賀清邦編），恒星社厚生閣，pp. 56-59.

Panigrahi, A. *et al.*（2004）：*Vet. Immunol. Immunopathol.*, 102, 379-388.

杉田治男（1999）：水産養殖とゼロエミッション研究（日野明徳ら編），恒星社厚生閣，pp. 77-86.

杉田治男（2007）：微生物の利用と制御—食の安全から環境保全まで（藤井建夫ら編），恒星社厚生閣，pp. 57-69.

杉田治男（2008）：養殖の餌と水—陰の主役たち，pp. 101-183.

Sugita, H. *et al.*（2009）：*Aquaculture Res.*, 41, 153-156.

Wedemeyer, G. A.（1996）：Physiology of Fish in Intensive Culture Systems. Chapman & Hall, pp. 202-226.

吉水　守・笠井久会（2007）：微生物の利用と制御—食の安全から環境保全まで（藤井建夫ら編），恒星社厚生閣，pp. 70-82.

吉水　守　（2006）：日水誌，75，831-834.

22章

魚病と治療

22·1　水族館における魚病学

1）魚病学の歴史

魚の病気（魚病）に関する記述は，紀元前よりエジプトや中国で認められる．しかし，魚病学としての科学的な取り組みは，19 世紀末から 20 世紀初頭のヨーロッパにおいてウナギやマス類の魚病細菌が特定されたのが最初であり，本格的な魚病研究が開始されたのは，集約的な養殖事業が行われるようになった 1950 年代以降である．当初は主に淡水魚やサケ・マス類が研究対象であったが，海水魚養殖の発展に伴いさまざまな魚病問題が発生するようになり，現在では種苗から成魚に至る多様な魚種で研究が進められている．一方，水族館で認められる魚病の知見は未だ限られている．鳥羽水族館は全国の水族館を対象に魚病の発生状況を調査し，54 種類の病気（307 症例）について報告しているが（鳥羽水族館, 1980），レクリエーション施設でもある水族館では「魚病＝負のイメージ」という形で捉えられてきたこともあり，養殖分野を対象とした魚病研究に比べその研究報告はきわめて少ない．

2）水族館における魚病学の特徴

主に養殖魚を対象として積み上げられてきた魚病に関する知見は，水族館で認められる魚病対応にとっても重要な情報となる．しかし，水族館のように展示・観賞を目的とした飼育環境下で認められる魚病と，種苗・養殖生産過程で生じる病気では，必要となる情報が異なる面がある．展示・観賞魚では個々または 10 尾にも満たない小集団が処置対象となることが多いのに対し，種苗や養殖過程で発生した魚病は 1 万尾を超えるような大集団の問題として捉えられる．すなわち，養殖分野で発展してきた魚病学は，大集団への被害を防ぎ，商品としての価値が低下するのを防ぐことを目的として確立されてきた学問である．病魚の処置についても，食卓にのぼる可能性の高い養殖魚は薬事法により使用可能な治療薬が厳格に制限されており，それも生産コスト内で収まる範囲でのみ実施されるなど，個々の生命を対象として自然に近い個体の維持を第一とする水族館と基準が大きく異なる．また，水族館では話題性や独自性を示す必要性から飼育研究の進んでいない種を展示することが多く，魚病が発生した場合，その発生原因や治療薬の耐性などの情報が皆無のため，有効な対策を講じることができない事例も認められる（図 22・1）．

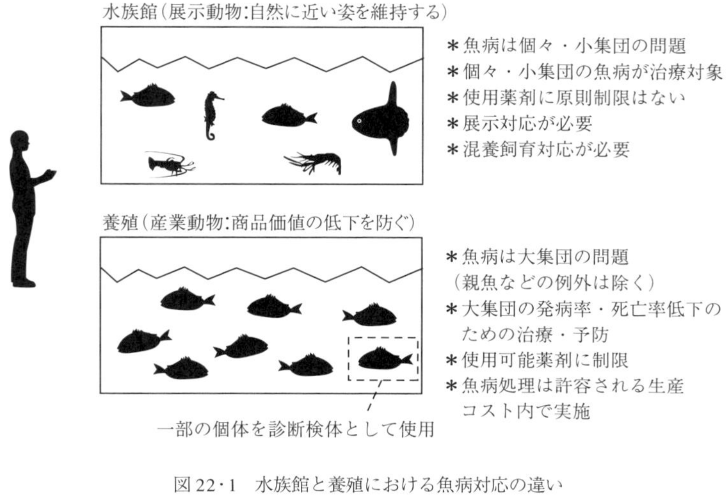

図 22・1　水族館と養殖における魚病対応の違い

22・2　魚病の発生原因

1）発生原因の種類

魚病で認められる病気の原因（病因）は，哺乳類と同様に環境，餌料，病原体の要因に伴う外因と，年齢や内分泌障害などに起因する内因に分けることができる（表22・1）．魚病学は，医学や獣医学に比べ産業的被害の大きい外因（特に病原体に起因する感染症）の研究のみが進んでいる面があり，個々または小集団の健康的維持を重視する水族館では，内因についての研究も進展させていく必要がある．なお，魚病における病原体の詳細は成書（日本動物園水族館協会，1974，1995；江草ら，2004；畑井・小川，2006；小川・室賀，2012；青木，2013）にゆずるが，多様な環境下で多種の生物を飼育している水族館では，未報告の病原体による感染症も発生しているものと心得ておくべきである．

表22・1　魚病の発生原因

外因	内因
（環境）	
水温	年齢
水質	性
競合	遺伝
飼育密度	内分泌
（飼料）	代謝
欠乏症	神経
中毒	免疫
（病原体）	
ウイルス	
細菌	
真菌	
原虫	
寄生虫	

2）魚病（感染症）の特徴

魚類病原体の多くは条件性病原体（宿主の免疫能が低下した際にのみ感染能を有する）であるといわれており，感染症による魚病の大部分は宿主と病原体のバランスが崩れた結果として生じるものと考えられている．また，水中では宿主および病原体ともに環境の要因を受け易いことから，米国の魚病学者であるSnieszko（1974）は，感染症の成立に関与する3つの要因（宿主・病原体・環境）の関係を円で表した概念図（図22・2A）を提唱した．この図は，魚病における感染症発生の特徴（3つの要因が重なった場合に感染症は発生する）をよく捉えたものとして多くの魚病関係の成書に掲載されている．なお，個々の健康維持が必要となる水族館ではより細かい魚病発生の認識が必要であり，筆者の一人（中坪）は，縦軸を宿主の免疫能，横軸を環境の状態（水温や水質など）

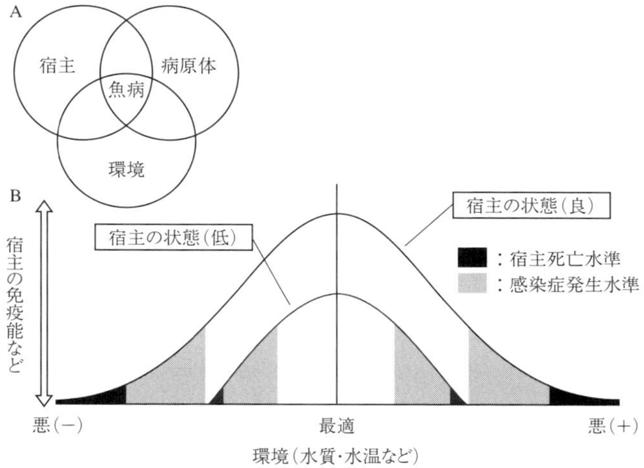

図 22･2　感染症の発生における宿主・病原体・環境の関係（A），および免疫能や環境の状態を軸として健康状態が良好または不良であった宿主の魚病発生の可能性を示した図（B）．

コラム１　深海は未報告の魚病の宝庫？

水族館からの魚病の診断依頼において，過去の魚病情報がなかなか通用しないものの１つに深海魚の病気がある．近年，多くの水族館で深海魚の飼育が試みられているが，未報告の病原体が複数確認されている．深海魚の飼育水温は通常３～10℃程度しかないためか，診断時に冷却した器具や培地などを使用しないと分離培養効率が著しく低下する病原体なども認められる．培養時間をみても，温水魚の病原体の多くは数日以内に増殖が確認されるのに対し，数週間かかる場合もみられる．担当した学生が４℃の培養器で１週間培養しても何も発育してこなかったため，そのまま放置してしまい，数週間後に廃棄しようとして培地をみたところ多数のコロニーを確認し，あわてて種の同定を開始したといったこともあった．治療薬の魚毒性などを含め，その対策には今後，より多くの知見の集積が必要である．

（間野伸宏）

で示した図22・2Bのようなグラフをイメージしながら，魚体の飼育管理を行っている．このグラフは，総合的に健康状態がよい宿主であれば健康を保てる宿主や環境の条件範囲が広いのに対し，悪ければ僅かな変化で魚病は発生することを示すものである．また，グラフ内における山の形状は生物種によって異なり，左右均等とも限らないため，生物種ごとに山の形状（生物の特性）をよく理解しておく必要がある．

22・3　魚病の対策

1）治　療

魚病が発生した場合，診断により病気の原因を推定し，適切な治療を施す必要がある．診断の基本手法は後述するが，その推定が適切であれば魚体の状態は好転する可能性が高まるのに対し，間違っていれば適切な対応ができずに悪化し，最悪の場合死亡する．現在，主に水族館で行われている治療手段（処置）には以下のものがある（表22・2）．

①薬　浴

薬剤を混和した飼育水に個体を浸漬させる方法であり，低濃度の薬剤の中での長時間処置（長時間浴）および高濃度での短時間処置（短時間浴）に分けられる．どちらも宿主の摂餌（せつじ）意欲や体重，捕定などのハンドリングに関係なく，水槽水量を基準にした処置が可能なため，水族館で最もよく用いられる処置方法である．なお，長時間浴は生物を移動せずに行う場合が多く，簡便である一方，薬剤感受性の高い無脊椎動物などを混養飼育している水槽などでは使い難い．また，擦過傷や白点病（はくてんびょう）対策で用いられる一部の色素系の薬剤は，飼育水や水槽の着色による展示効果の減衰の問題がある．短時間浴は，専用の薬浴槽で実施することが多いため，個体への負荷が最小限ですむように水槽間を移動させる必要がある．

②経口投薬

餌料に混和して投薬する方法であり，抗生物質や一部の駆虫剤などで利用される．薬浴より高い効果が認められる場合もある処置法であるが，摂餌意欲の低下した個体では投薬効果が見込めない．また，経口投薬を行うためには，個体の計測管理が重要となる．すなわち，適正な経口投薬量を決めていくためには，（理想的には個体別に）魚体重を正確に把握しておく必要がある．なお，魚体重の計測が困難な場合は，体長や全長から推定する．

表22･2　魚病対策として利用されている治療・予防手段や関連薬剤

処置法	区分	成分	治療・予防対策	その他
薬浴	抗菌剤	ニフルスチレン酸ナトリウム	擦過傷治療（細菌感染症予防）	経口投薬*
	抗菌剤	スルファモノメトキシン	細菌感染症	経口投薬*
	有機リン剤	トリクロルホン（メトリホナート）	外部寄生虫症（海水性白点病）	
	色素製剤	アクリフラビン	外部寄生虫症（淡水性白点病）	
	色素製剤	マラカイトグリーン	外部寄生虫症（淡水性白点病），ミズカビ病	
	色素製剤	メチレンブルー	外部寄生虫症（淡水性白点病）	
	塩素系製剤	二酸化塩素	外部寄生虫症（淡水性白点病）	
	その他	過酸化水素水	外部寄生虫症（ハダムシ症）	主に短時間浴
	その他	フォルマリン	外部寄生虫症（淡水／海水性白点病），原虫症	
	その他	硫酸銅・5水和物	外部寄生虫症（海水性白点病）	
	その他	有機銅製剤	外部寄生虫症（海水性白点病）	
	塩水浴	塩化ナトリウム	外部寄生虫症（淡水性白点病），ミズカビ病，細菌感染症	
	微量元素	ヨード	甲状腺機能障害	経口投薬*
経口	抗生物質	各種	細菌感染症	注射投薬*
	駆虫薬	プラジクアンテル	外部寄生虫症（ハダムシ症），内部寄生虫症（血管内吸虫）	薬浴*
	消炎酵素剤	塩化リゾチーム	外部寄生虫症（淡水／海水性白点病），細菌感染症	
	強肝剤	ウルソデオキシコール酸	肝機能向上	
	免疫強化剤	ラクトフェリン	免疫強化（各種感染症予防）	
	ビタミン剤	総合ビタミン剤	栄養・免疫強化（各種感染症予防）	
塗布	色素製剤	ゲンチアナバイオレット	擦過傷治療（原虫症）	
淡水浴	その他	淡水	外部寄生虫症（ハダムシ症）	主に短時間浴

*実施される場合がある処置法

③淡水浴

ハダムシなど外部寄生虫の駆虫を目的として，個体を淡水中に短時間浸漬させる方法である．目視で個体と寄生虫の状態を観察しながら，適宜，処置時間を調整する必要がある．

④その他

原虫寄生や細菌感染により体表面に糜爛（びらん）などの症状が生じた場合，その患部に直接抗菌剤などを塗布する．また，真菌症に罹病したサメなどの大型魚で，抗真菌剤を腹腔内や筋肉接種した事例がある．

2）予　防

「予防に勝る治療なし」といわれる．哺乳類などに比べ免疫系が未発達で治療手法も格段に少ない魚介類では，その言葉の通り「病気を出さない」ことが最も重要である．水族館で主に行われている予防手段を以下に示す．

①飼育環境（水質・水温・溶存酸素量）の調整

飼育種に最適な水質，水温，溶存酸素量に調整した飼育環境を用意することができれば，魚病の発生はかなり抑えられる．一方で，その生物種に合わない環境では，魚病が発生してしまった場合，いかなる治療処置を施しても状態の好転は見込めない．

コラム2　硫酸銅の処置濃度

水族館では，海水性の白点病の処置に硫酸銅（$CuSO_4 \cdot 5H_2O$）がよく用いられる．しかし，同剤の処置濃度は園館により大きく異なっており，報告されている単位も銅イオン量や硫酸銅量など一定していない．硫酸銅の効果を初めて示した堤ら（1963）は有効濃度を0.6 mg Cu/*l*（硫酸銅に換算すると約2.4 mg/*l*）と報告しているが，近年，報告された処置濃度を銅イオン量に統一して比較したところ，0.025～0.5 mg Cu/*l*と最小・最大値で20倍近い違いが認められた．これは宿主や病原体の感受性に合わせ飼育担当者が濃度を調整した結果だけでなく，銅イオン量と硫酸銅量を混同しているケースや，薬品の取り扱い（湿気による薬品の重量増加など），測定法の差によると推測される事例もみられることから，過剰な投与を防ぎ，安定した有効性を引き出すためには，表記や試薬取り扱いなどの標準化が求められている．（中坪俊之）

②掃　除

特に白点病やハダムシ症に対する対策として重要である．虫体の温床となる虫卵を除去することにより高い予防効果が得られ，同病が発生してしまった後でも，有効な対処法となる場合がある．

③消　毒

定期的に水槽の落水を行い，次亜塩素酸ナトリウムなどで水槽を消毒すると効果的な予防策となる．大規模な水槽ではオゾンや電解装置による飼育水の殺菌も有効である．

④その他

日頃の飼育管理業務として，周辺を含む水槽環境を清潔に保ち，床などもしっかりと水切りをして乾燥させておくだけで魚病の発生率を低下させることができる．また，魚網や掃除器具類なども水槽別に用意し，定期的な交換・消毒などを行うことで病原体の増殖や拡散の防止に有効である．養殖場などで励行されている飼育員の入退場時における手足の消毒なども重要な対策の 1 つであろう．

新たに導入した生物については，トリートメントタンクに一時的に収容して検疫を行うことで，展示水槽に病気を持ち込ませないことが理想である．検疫中の抗菌剤や駆虫剤による予防投薬の実施，リゾチームやラクトフェリンなどの経口投与による免疫強化なども，感染症の予防手法として効果が知られている（表 22・2）．

22･4　魚病の診断

適格な魚病対策を講じていくためには，早期の異常発見とその発生原因を特定することがきわめて重要である．罹病魚を検体として利用できる場合は，一部例外を除き，養殖魚を対象に確立されてきた魚病診断技術を利用することができるが，このような診断を実施できる施設を有している水族館はきわめて限られる．また個々や小集団対応が求められる水族館では，罹病した個体を検体として扱えない場合も多い（図 22・1）．そこで魚病の精密診断（病原体の特定）手法の詳細は成書（小川・室賀，2012；青木，2013）にゆずり，水族館で通常実施されている基本的な魚病診断手順および精密検査を実施するまでの検体の取り扱いについて紹介する．

1）行動観察

罹病魚の取り上げによる検査が難しい場合，遊泳や摂餌行動により診断を行う．経験を要するが，ある程度の状況や病気の原因推定が可能である．例えば，体表に寄生虫が付いていた場合，体を水槽壁などに擦り付ける行動が認められるが，擦り方ひとつで，白点病またはハダムシの感染によるものなのか推定できる場合がある．

2）死魚検査

病魚が死亡してしまった場合，目視や実体顕微鏡により体表面や鰓（えら），内臓の異常状況を確認する．また，組織の一部をスライドガラス上に載せ，環境水または生理食塩水と一緒にカバーガラスで押しつぶし，光学顕微鏡下で観察することにより（生標本またはウエットマウントによる観察とよばれる），病原体感染の有無やその種類を推定することが可能な場合がある（図22・3）．

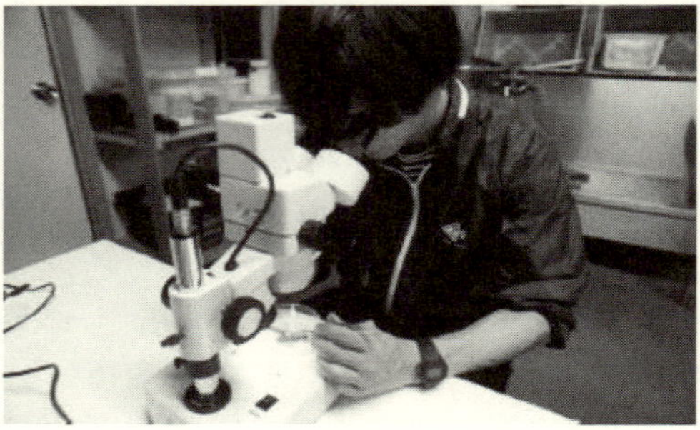

図22・3　水族館における実体顕微鏡を用いた魚病の診断風景

コラム3　思い込みは危険

マサバに体表の糜爛が生じたため，抗菌薬の投与を行ったが好転せず死亡が続いたことがあった．死魚の病変部に多数の細菌がみられたため，抗菌薬の継続投与を実施したが一向に治まる気配がなかった．他の魚種でハダムシが出ていたため，寄生虫薬であるプラジクアンテルの経口投与を行ったところ，魚体の状態が飛躍的に好転した．結局，ハダムシの寄生により体表に糜爛が生じ，二次的に細菌が感染していたのであった．最初から細菌感染であるものと思い込んでいたため，ハダムシの感染に気付くのが遅れた苦い経験である．

（中坪俊之）

3）精密診断（病原体の同定）のための検体管理

原因不明の魚病が発生した場合，大学などの研究機関と共同で診断を実施する場合がある．近年の分子生物学的技術の進歩に伴い，魚病分野における病原体の検出・同定に至る速度・感度は格段に向上しているが，精度の高い診断結果を得るためには，検体の管理がきわめて重要である．

病原体を最初から保菌しているキャリアーである場合を除き，健康魚の臓器内は無菌状態といってもさしつかえない．すなわち，外部環境と接触している皮膚や消化管などを除き，健康魚の臓器から微生物が分離されることはないのが原則である．一方で，魚体が死亡した場合，病気の有無に拘らず，速やかに臓器を構成する組織は変性し，脆弱化していく．つまり，腸管内や皮膚に常在する微生物が臓器内に入り込んでしまうため，病原体の特定を困難にする．よって，精密診断を実施する場合は，死亡してから時間の経ったものは避け，瀕死状態または死亡直後のものを検体に供すべきである．また，検体は組織の脆弱化や微生物の体内増殖を遅らせるため水をよく切り，外部寄生虫が脱落しないようにビニール袋内に移した上で，診断まで冷却しておく必要がある．

コラム４　水族館における魚病研究の悩み

病原体を真の意味で特定するためには，コッホの原則を満たさなくてはならない．つまり，病魚から分離された微生物が病原体であると証明するためには，病魚と同一種または近縁種に感染実験を行い，同一の症状を発生させるとともに，同一の微生物を感染させた個体から分離しなければ病原性を証明したことにはならないのである．しかし，水族館では感染実験における病原体の封じ込めが難しく，研究機関で飼育を行うのは施設的にも技術的にも困難な魚種が多い．結果として，感染実験のための個体を用意し易い養殖の魚病研究に比べ，水族館の魚病研究が遅れる大きな理由となっており，熱帯，温帯，極地など，生息環境ごとに多数飼育が比較的簡単にできる魚病研究用のモデル魚の選定が必要であると考えている．

（間野伸宏）

22・5　水族館における今後の魚病対応

水族館の魚病対応としては,「魚病を出さない」が最も重要である. そのためには, 日頃から魚体の健康状態を高く保つ必要があり, ①飼育環境の整備・維持, ②健康な個体の入手とその後の観察, ③よい餌料を適切に与える, の3点が大切となる. 一方で, 水族館の飼育において魚病の発生は避けて通れない問題であり, 早期発見・早期治療, そして正しい治療による対応が必要である.

これまで水族館では, 魚病は飼育屋の恥, という考えもあり, 魚病研究に取り組む事例は決して多くなかった. しかし, 近年の水族館では生物保全としての役割が増しており, 動物福祉や教育的な意味でも, 自然に近い健康な個体の飼育や繁殖が求められている. そのため, 的確な魚病対応は必須であり, 大学などの研究機関と手を組み, お互いの長所を活かしながら魚病研究を進めることで, 魚病の発生原因や対策に関する情報を蓄積していくことが必要である.

（間野伸宏・中坪俊之）

文　献

青木　宙（2013）：魚介類の微生物感染症の治療と予防, 恒星社厚生閣, 504 p.

江草周三, 若林久嗣, 室賀清邦（監編）（2004）：魚介類の感染症・寄生虫病, 恒星社厚生閣, 424 p.

小川和夫・室賀清邦（2012）：改訂・魚病学概論第二版, 恒星社厚生閣, 192 p.

鳥羽水族館（1980）：動物園水族園雑誌, 22, 72-82.

畑井喜司雄・小川和夫監修（2006）：新魚病図鑑, 緑書房, 295 p.

Snieszko, S. F.（1974）：*J. Fish Biol.*, 6, 197-208.

堤俊夫ほか（1963）：動物園水族園雑誌, 5, 35-44.

日本動物園水族館協会（1974）：飼育ハンドブック　繁殖・餌料・病気―水族館編―, 86 p.

日本動物園水族館協会（1995）：新飼育ハンドブック　水族館編1　繁殖・餌料・病気, 193 p.

索　引

あ行

アクリル樹脂パネル　164
アザラシ科　49
アシカ科　49
亜硝酸化成細菌　167
アナゴ　134
亜熱帯循環　126
アフリカマナティ　52
アラスカラッコ　53
アルテミア孵化幼生　44
アルベール1世　22
アンギオテンシン　112
アントン・ドールン（Anton Dohrn）　18
アンモニア　167
胃　92
生きている資料　12
1回産卵　105
移動コスト　107
イロワケイルカ　118
インシュロック　59
ウイルス　177
　——病　162
浮魚　84
鰾　131
ウツボ　134
ウナギ属魚類　124
ウナギ目　124
海ウナギ　131
羽毛　108
観魚室（うをのぞき）　6
衛生管理　171
エストラジオール　132
餌付け　160
エビとカニの水族館　15
エビングハウス錯視　120
鰓　90
エル・ニーニョ　67
沿岸湧昇域　67
延髄　90
塩素　174
鉛直移動　68
塩分　112
塩類細胞　130
黄体ホルモン　96
オオウナギ　124
オーディオグラム　99
オキゴンドウ　48
オキシダント　173
オゾン　173
汚濁量　168
オタリア　51

か行

外因　180
海獣　106
　——類　114
海水魚の収集　159
海水電解装置　175
海綿動物　72
海洋研究開発機構　150
化学合成細菌　146
化学合成水槽　151
化学合成生態系　69
化学合成生物群集　146
蝸牛管　100
家魚　2
学芸員の職務　12
カクレクマノミ　42
顎口類　78
活性炭槽　174, 175
カマイルカ　48
カリフォルニアアシカ　51
川ウナギ　131
環境エンリッチメント　116
環形動物　74
観察　115
肝臓　93
桿体細胞　131

黄ウナギ　127
聞き分け　122
寄生虫病　162
基礎代謝量　110
北赤道海流　127
求愛行動　104
強化　119
共生　146
棘皮動物　75
魚族館　34
魚病　161
　——学　178
　——診断　185
銀ウナギ　127
銀化　131
　——インデックス　132
くまのみ水族館　44
クマノミ属　41
クラウンアネモネフィッシュ　42
クラゲ類　36, 66
苦労して餌を取らせる　117
クロコ　127
黒潮　127
経口投薬　182
継代飼育　158
系統の維持　158
血糖値の維持　113
嫌気性細菌　5
現存最古の水族館　21
検体管理　187
高栄養塩—低クロロフィル　69
降河回遊魚　127
好気性細菌　5
公共教育　11
光合成生態系　69
甲状腺刺激ホルモン　132
行動観察　186
小型種　38
呼吸・循環系　90
ゴス（Philip Henry Gosse）　3
個体識別　59
骨鰾類　99
コッホの原則　187
ゴマフアザラシ　51
コルチゾル　95
婚姻色　86

さ行

細菌病　162
採食食物連鎖　64
栽培漁業　156
　——センター　154
サキシトキシン　140
サケ（*Oncorhynchus keta*）　103
サミュエル・ピープス（Samuel Pepys）　2
産業動物　179
サンゴ礁　66
サンゴ類　36
酸素の貯蔵　110
産卵期　95
次亜塩素酸　174
飼育密度　155
シオミズツボワムシ　44, 156
紫外線　173
資格　16
自家採集　159
シガトキシン　140
シギウナギ　134
仔魚　126
死魚検査　186
資質　16
雌性ホルモン　96
歯帯　124
シチヨウシンカイヒバリガイ　148
実験的観察法　116
脂肪層　109
刺胞動物　72
脂肪の分解　113
市民支援活動　11
弱電魚　90
シャチ　118
11-ケトテストステロン　132
従属栄養生物　63
重炭酸イオン　165

終脳　88
周波数弁別　100
ジュゴン　52, 120
種苗生産　154
春季ブルーム　64
生涯教育　13
消化系　92
硝化細菌　167
条件性病原体　180
条件付け　119
硝酸化成細菌　167
小脳　90
初期減耗　156
食道　92
シロイルカ　122
深海　145
——魚　84, 181
神経系　88
神経毒　141
人工巣穴　38
腎臓　94
浸透圧　111
——調節　94
——調節能　129
水産資源　154
水質検査　161
膵臓　93
水槽掃除　161
水族　40
ステッピング・ストーン仮説　150
ステロイドホルモン　96, 133
砂濾過　5
セイウチ科　49
生殖系　95
生殖腺刺激ホルモン　96, 132
——放出ホルモン　96
生殖腺指数　132
生態系　62
生体展示　34
成長式　85
成長ホルモン　95, 132
性転換　86
生物化学的濾過　167
生物交換　159
生物種の代弁者　11
生物多様性　66
生物ポンプ　68
精密診断　187
世界水族館会議（IAC：International Aquarium Congress）　7
——への提言　8
脊索動物　70, 76
赤腺　131
摂餌音　101
絶食　112
節足動物　75
絶滅危惧種　136
——の普及啓発　158
潜水　110
——病　111
全長　82
全頭類　80
相利共生　42
底魚　84

た行

対向流系　91
対向流熱交換システム　109
代謝産物　164
体毛　108
タウリン輸送体　147
多数回産卵　106
脱窒細菌　170
脱窒作用　170
脱窒槽　170
短鰭型　124
炭酸　165
——イオン　165
短時間浴　182
淡水浴　184
断熱　109
チオタウリン　147
中深層　134
中脳　90

腸　93
聴覚閾値　99
潮間帯　84
長鰭型　124
超小型水槽　38
長時間浴　182
聴性脳幹反応技法（ABR）　99
鳥類　106
調和水槽システム　170
直腸腺　95
沈降粒子　68
テスト　119
テストステロン　132
デトライタス　67
テトラミン　141
テトロドトキシン（TTX）　139
展示動物　179
動因　133
東海大学海洋科学博物館　41
糖新生　113
闘争行動　104
登録博物館　17
通し回遊　83
独立栄養生物　63

な行

内因　180
内在的な能力　119
鳴き分け　122
ナトリウム利尿ペプチド　112
名前を付ける　122
軟体動物　74
西マリアナ海嶺　128
日プラ株式会社　30
ニフルスチレン酸ナトリウム　183
ニホンウナギ　124
日本動物園水族館協会　40, 48
日本の種指定天然記念物　157
乳酸菌　176, 177
認知機構　118
ネクトン　62
熱水噴出域　146
熱伝導率　108
粘液　129
ノコバウナギ　134

は行

配偶行動　104
配偶子　103
排出系　93
ハクジラ類　47
博物館相当施設　17
博物館類似施設　17
バソプレッシン　112
ハナゴンドウ　48
ハモ　134
パラダイス・フィッシュ　3
パリトキシン（PTX）　140
板鰓類　80
繁殖育成活動　162
繁殖環境　56
繁殖行動　41
バンドウイルカ　46, 120
比較刺激　121
東アジア鰻資源協議会　137
ヒゲクジラ類　47
尾叉長　82
微生物食物網　65
ビテロゲニン　96
ヒポタウリン　147
病原体の同定　187
標準体長　82
ヒョウモンダコ　141
日和見病原菌　171, 172
富栄養化　65
フェロモン　98
孵化仔魚　43
フグ毒　139
腐食連鎖　65
付着卵　43
物理濾過　167
プラジクアンテル　183
ブラバー　109
プランクトン　62

浮力調節　131
プレナム（plenum）　22
プレフィルター　171
プレムナス属　41
プレレプトセファルス　127
プロバイオティクス　176, 177
プロラクチン　95
ヘイトウシンカイヒバリガイ　147
扁形動物　74
偏性病原菌　171
ベントス　62
片利共生　42
泡沫分離装置　171
放流事業　154
捕食実験　143
捕食－被捕食　64
保全　10
ポップアップタグ　128
堀り行動　104

ま行

マークテスト　117
マダイ　156
マナティ　52
麻痺性貝毒（PSP）　140
マラカイトグリーン　183
マングローブ　67
水の抵抗　108
ミナミアメリカオットセイ　51
見本合わせ　121
無顎類　78
無機態窒素　166
——3 態の消長　169
無脊椎動物　70
モンテレー湾水族館　10

や行

薬浴　160, 182
野生生物の保護　157
有害赤潮ブルーム　66
有機窒素化合物　167
有櫛動物　73
有性生殖　103
雄性ホルモン　96
有毒生物　144
養殖場　154
溶存酸素と二酸化炭素　165
養鰻業　136
予防　184

ら行

ラクトフェリン　185
リゾチーム　185
硫酸銅　184
流線型　108
両側回遊　83
冷水湧出域　146
レプトセファルス　127
レンツォ・ピアーノ（Renzo Piano）　27
ロイド（William Alford Lloyd）　4
濾過槽浄化量　168
濾過槽の熟成　168

アルファベット

1/f　103
Aquarium　3
Aqua-vivarium　4
Fauna und Flora des Golfes von Neapel　20
Fish House　6
Jaubert's System　22
nightrestlessness　133
OCF　168
RpH　166
Vivarium　4

水族館と海の生き物たち

2014 年 3 月 25 日　初版発行
2021 年 4 月 1 日　第 2 刷発行

定価はカバーに表示

編　者　杉 田 治 男 ©
発行者　片 岡 一 成

発行所　株式会社恒星社厚生閣
〒 160-0008　東京都新宿区四谷三栄町 3-14
Tel　03-3359-7371　Fax　03-3359-7375
http://www.kouseisha.com/

印刷・製本：シナノ

ISBN978-4-7699-1470-9